0의 발견

REI NO HAKKEN
by Yoiti Yosida

Copyright © 1998 by Natuhiko Yosida
All rights reserved.
Korean Translation Copyright © 2002 ScienceBooks Co., Ltd.
Originally published in Japan by Iwanami Shoten, Publishers, Tokyo in 1939.
Korean translation edition is published by arrangement with Iwanami Shoten, Publishers.
이 책의 한국어판 저작권은
Natuhiko Yosida c/o Iwanami Shoten와 독점 계약한 **(주)사이언스북스**에 있습니다.
저작권법에 의해 한국 내에서 보호를 받는 저작물이므로 무단 전재와 무단 복제를 금합니다.

0의 발견

수학은 어떻게 문명을 지배했는가

요시다 요이치 · 정구영 옮김

다케미 타로 씨에게

 이것은 기원전 260년 로마 해군이 카르타고 해군을 격파했을 때 만들어진 기념비이다. 아래에서부터 두번째 행과 세번째 행에 100,000을 의미하는 기호가 23개 그려져 있다(사진에는 21개). 로마 시대에는 2,300,000을 표현하려면 이렇게 번거로운 방법을 사용해야만 했다.

재개정판에 즈음하여

또 지형(紙型)이 망가져서 이 책의 판을 다시 짜게 되었다.

1956년에 한 번 개판(改版)하고 난 후에 컴퓨터가 보급되었다. 그 사이에, 상감(象嵌)으로 가능한 범위 안에서 일부를 다시 쓴 일이 있다. 그때 수작업으로 계산기 사진을 컴퓨터 사진 같은 걸로 바꿔 넣거나 해서 그럭저럭 손을 좀 봐놓았다.

이번에 개판하면서 컴퓨터에서 사용되는 이진법에 대한 간단한 설명을 보탰다. 그 밖에도 몇 군데 손을 보아서 다소 새로운 면모를 갖춘 것 같다.

이 재개정판에 즈음하여, 아카 세쓰야[赤攝也] 씨가 원고의 일부를 검토하고 적절한 비평을 해주었다. 또 원주율의 계산에 관해서는 고야마 도루[小山透] 씨가 자료를 모으는 수고를 아끼지 않았다. 두 분께는 여기서 깊은 감사를 드린다. 또 이 책을 처음 쓸 때 자료 복사나 사진 촬영 등의 일로 이타바시

가즈코[板橋カズ子] 씨에게 많은 신세를 졌다. 초판의 「머리말」에서 이런 사연을 빠뜨렸기에 뒤늦게나마 여기서 깊은 감사를 드린다.

그러고 보니 이 책을 처음 내고 어느덧 40여 년의 세월이 흘렀다. 세월의 덧없음이 절실하게 느껴지는 요즈음이다.

                       1978년 12월 18일
                       우라와에서
                       요시다 요이치[吉田洋一]

개정판에 즈음하여

이 책이 처음 세상에 나오고 벌써 17년이 지났다. 그 동안 많은 사람이 읽어 주었고 지금도 읽는 사람이 끊이지 않는 것 같다. 다만 좀 오래전에 쓴 글인 만큼 어려운 한자가 많고 또 옛날 철자법을 따르고 있어서 요새 젊은 사람들이 읽기에 너무 불편하다는 말을 많이 들었다. 이번엔 이런 문제점들을 고쳐서 개정판을 만들어 보았다. 전보다는 조금 읽기 편해진 것으로 알고 있다. 개정판이지만 내용은 이전 것 그대로이다. 내용에는 하나도 손을 대지 않았음을 밝혀 둔다.

1956년 11월
이케부쿠로에서
요시다 요이치

머리말

이 작은 책은 수학에 대한 쉽고 대중적인 읽을거리다. 나는 이 책을 쓰는 동안, 수학을 잘 모르고 이 방면에 낯선 분들이 이 책의 독자라는 사실을 늘 염두에 두었다.

여기서 〈낯선 분〉이란 말은 중·고등학교에서 수학을 배우기는 했지만 이제는 다 잊어 버렸다고 말하는 분을 가리킨다. 이런 분들이라도 〈이차방정식〉이나 〈피타고라스의 정리〉나 〈로그〉 같은 용어 정도는 수험 생활의 악몽으로나마 아직도 어렴풋이 기억하고 있을 것이다. 이런 악몽을, 가능하다면 달콤한 낮잠의 벗으로 바꾸자는 것이 이 책을 쓴 나의 염원이다.

이제까지 나온 수학에 관한 대중적 읽을거리가 결코 적었던 것은 아니다. 하지만 대개 그 책들에 담겨 있는 내용들이 저명한 수학자의 일화나 수학 유희를 소개하는 정도에 그쳤다. 또 조금 고급 읽을거리라고 해도 정수론의 기초 같은 단편적 사실들을 주워 모은 수준을 크게 벗어나지 못했다. 다른 과학들과는 달리 수학의 여러 개념들은 정의를 차근차근 익혀 나가야 비로소 이해되는 것이므로, 수학을 쉽게 대중적으로 설명한다는 것은 엄청나게 어려운 일이다. 이전에 나온 많은 책들이 단순히 호기심을 충족시켜 주는 수준에 그치고 만 것도 어쩔 수 없는 일인지 모른다. 그러나 이 경향을 그냥 따라가고 만다면 수학에 대한 일반인의 이해보다는 오히려 오해를 더하는 결과를 가져올 위험이 있다.

수학을 제대로 〈이해〉하기 위해서는 수학을 진지하게 공부하는 길밖에 없다는 것은 두말할 필요도 없다. 그러나 〈이해〉라는 말을, 흔히 쓰듯이 〈동정〉이나 〈동감〉 같은 말과 비슷한 의미로 해석하면 또다른 길이 열리지 않을까? 이 작은 책은 그런 길을 개척해 보고자 하는 작은 시도이다.

이 책에서는 수식의 사용을 최대한 피했다. 수식에 대한 일반인의 공포는 거의 병적이다. 수식을 만나기만 하면 그 의미가 무엇인지 알려 하지도 않고 그저 도망치려고만 한다. 이렇게 도망치는 모습은 신경과민증 환자가 그저 덮어놓고 칼을 무서워하는 모습과 다를 바 없다. 그래서 여기서 한마디 일러두건대, 만일 이 책에서 못 보던 수식이나 수학 용어가 나오면 그것을 건너뛰고 그 다음부터 읽을 것을 권한다. 한마디로 신문 같은 데서 이름을 곧바로 거명할 수 없어 사용하는 ○○과 같이 생각하고 지나가도 아무런 지장이 없다는 말이다.

  수학자의 이름도 꼭 적어야 할 것 말고는 적지 않도록 노력했다. 이것은 필요 없이 독자를 번거롭게 할 염려가 있어서이기도 하지만, 어떤 일을 누가 했는지는 본질적인 문제가 아니라고 생각했기 때문이다. 그보다는 시대의 객관적 배경이라든가, 사상의 동향 등이 훨씬 중요하다고 생각하여 이런 부분에 좀더 노력을 기울였다. 하지만 무엇보다 내 능력이 충분하지 못했던 것이 못내 아쉽다.

  이 작은 책을 쓰게 된 것은, 원래 존경하는 벗[畏友]인 나카야 우기치로[中谷宇吉郞] 씨의 권유가 있기도 했지만, 한편으로는 오랜 요양 생활 중의 소일거리라도 찾아보려는 내 욕심 때문이었다. 이런 사정 때문에 손이 닿지 않는 것은 조사하지 않거나 아예 무시하기도 했고, 다른 사람과 의논해 보지 않고 보완한 곳도 적지 않다. 이 점에 대해서는 미리 독자의 관용을 구하고 싶다.

1939년 여름
삿포로에서
요시다 요이치

0
차례

재개정판에 즈음하여 · 9

개정판에 즈음하여 · 11

머리말 · 12

영의 발견 · 17
―아라비아 숫자와 수학의 성립

직선을 끊는다 · 95
―연속성에 대하여

옮긴이의 글 · 181

찾아보기 · 184

영의 발견

아라비아 숫자와 수학의 성립

1

많은 사람들이 잘 알고 있듯이, 나폴레옹의 러시아 원정(1812년)은 모스크바의 대화재와 추위 때문에 비참한 패배로 끝났다. 출정할 때 35만 명이었던 대군 중 25만 명은 영영 돌아오지 못했다. 허기와 추위에 시달리고, 추격하는 코사크 기병에 짓밟히면서, 사람도 말도 모두 쓰러져 갔다. 겨우 죽음을 모면한 프랑스 병사들도 대부분 포로 신세가 되었다. 이렇게 포로 신세가 된 사람들 가운데 퐁슬레라는 이름을 가진 젊은 공병장교가 있었다.

퐁슬레는 2년 남짓한 포로 생활 기간에 무거운 마음을 달래기 위해 오로지 수학 연구에만 몰두했다. 그때의 연구를 통해 그가 얻은 성과가 바로 오늘날의 사영기하학이다. 퐁슬레는 1814년에 자유의 몸이 되어 프랑스로 돌아오면서 이 사영

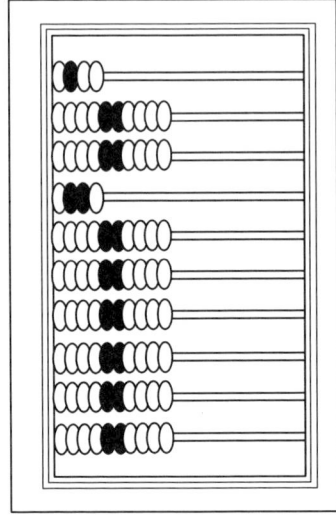

그림 1 러시아 주판

기하학뿐 아니라 또다른 선물을 하나 더 가지고 돌아왔다. 그 것이 러시아 주판이었다.

퐁슬레는 시험 삼아 고향인 메스 시의 어린 학생에게 이 주판을 사용해 보도록 했다. 이것이 오늘날 일본의 초등학교 1학년 학생들도 쓰는 계산기의 효시라고 한다. 〈그림 1〉에서 짐작할 수 있듯이 러시아 주판은 계산기와 비슷하게 생겼지만, 일본의 주판처럼 편리한 도구는 아니었던 것 같다. 이렇게 불편한 도구로 계산한 당시 러시아 사람들을 미개하다고 한다면, 당시 프랑스 사람들이 이 주판을 매우 진기(珍奇)하게 여긴 것도 당연한 일인지 모른다. 그러나 눈을 돌려서 수학사를 거슬러 올라가 보면, 그때부터 약 300년 전만 해도 프랑스는 물론 서유럽의 여러 나라에서도 이런 주판이 흔하게 사용되었다. 따라서 주판을 러시아의 특산물로 생각하는 것은 좀 설득력이 떨어지는 이야기인 것 같다.

2

당시로부터 300년 전이라고 하면 대략 15세기에서 16세기에 걸치는 시대로, 마침 이탈리아 르네상스의 전성기가 막 끝나던 때였다. 여러분도 레오나르도 다 빈치, 미켈란젤로, 라파엘로 등의 이름이 머리에 떠오르면서, 〈아, 그때구나!〉 할 것이다.

그때가 어떤 시대였는지 짐작하기 위해서 서기 1500년 전후에 있었던 유명한 사건 몇 가지를 예로 들어보자. 우선 1492년에 콜럼버스가 아메리카 대륙에 상륙했다. 이어서 바스코 다 가마가 인도 항로를 개척(1498년)했고, 마젤란 함대가 세계 일주에 성공했다(1522년). 이렇게 그 시대는 지리상의 발견으로 서양인들의 눈이 밖으로 향하여 한층 넓어지려는 참이었다. 또 구텐베르크의 금속 활자를 이용한 인쇄 기술이 15세기 중엽에 개발되었다. 그 덕분에 그때까지 일부 사람들에게만 독점되어 있던 지식이 차츰 일반 대중에게도 보급되기 시작했다. 또 1517년에는 루터가 종교 개혁의 도화선에 불을 당겼고, 1543년에는 코페르니쿠스가 지동설을 발표했다. 중세 내내 무겁게 유럽을 짓누르고 있던 교회의 권위는 갈릴레오의 종교 재판에서 볼 수 있듯이 확실하게 흔들리고 있었다. 중세는 동요(動搖)의 역사를 향해 넘어가고 있었다. 주판이 서유럽에서 모습을 감추기 시작한 것은 대충 그 무렵부터였다.

3

그렇다면 당시까지 널리 쓰였던 주판이 무엇 때문에 사람들로부터 버림받게 되었을까? 그것은 말할 필요도 없이 숫자를 손으로 적으면서 계산하는 필산(筆算)이 그 즈음부터 서유럽에 퍼지기 시작한 탓이다. 필산에 사용되는 기수법(記數法)은, 이때 쓰는 숫자를 아라비아 숫자라고 하는 데서 짐작할 수 있듯이, 아라비아인의 손을 거쳐서 유럽에 전해진 것이다. 하지만 그 숫자는 멀리 인도에서 기원했다.

아라비아인이라고 하면 요새는 왕년의 기세를 찾아볼 수 없으나, 7세기쯤 이들의 조상은 한 손에는 코란, 다른 한 손에는 칼을 들고, 동으로는 인도 서부에서 서로는 북아프리카를 지나 스페인에까지 이르는 광대한 사라센 제국을 건설하고 지배했다.

이 제국은 건설된 지 얼마 되지 않아서 두 개의 칼리프 왕조로 분열되었는데, 두 왕조 모두 역대의 칼리프들이 학문과 예술을 힘껏 보호 장려한 까닭에, 학문과 예술이 모두 크게 융성했다. 두 왕조의 수도인 바그다드(메소포타미아 지방)와 코르도바(스페인 지방)는 당시 문화의 양대 중심이었다.

 그리스 고전이 속속 아라비아어로 번역되었고, 또 일찍부터 활발하게 이루어졌던 동방과의 교류에 힘입어서 인도의 학문들이 끊임없이 칼리프의 나라로 흘러들었다. 특히 아라비아의 수학자들은 서양으로부터 온 흐름과 동양으로부터 온 흐름을 합쳐 대수학과 삼각법이라는 비단을 짜냈다. 〈대수학〉을 의미하는 영어의 Algebra는 아라비아어에서 유래한 단어다.

4

 〈평화의 도시 Madinat al-Salam〉 바그다드에 군림했던 칼리프 중에서도 특히 영화를 누린 칼리프는 「아라비안나이트」로 유명한 하룬 알 라시드였다. 이 칼리프는 당시 프랑크 왕이었던 샤를마뉴 대제와 왕래를 했고, 정교한 물시계를 증정하기도 했다. 샤를마뉴 대제는 서유럽을 통일하고 서로마 제국 황제의 면류관을 머리에 쓴 영명한 군주(800년)이기는 했으나 평생 글 쓰는 법을 배우지 못한 까막눈이었다. 이처럼 당시 유럽은 중세의 암흑시대였고, 학문과 예술은 수도원 안에서 겨우 그 명맥을 유지한 형편이었다. 여기서 우리는 그리스의 전통을 계승했다고 하는 근대 서양의 과학이 로마-라틴 문화가 아니라, 그 〈양아버지〉인 아라비아 문화의 품속에서 자라난 것임을 잊어서는 안 된다.

하룬 알 라시드의 명령에 따라 9세기 초에 많은 그리스 고전들이 아라비아어로 번역되었다. 그중에서도 특기할 만한 것은 유클리드의 『기하학 원론』의 일부가 번역되었다는 사실이다. 이 아라비아어 번역본이야말로 중세 유럽이 처음으로 접한 유클리드였다. 이렇게 8세기 말에서 11세기에 걸친 시기는, 마치 메이지 유신 이래 일본인들이 새로운 지식을 얻고자 영어를 비롯한 유럽의 언어들을 배운 것처럼, 많은 유럽 지식인들도 지식을 얻기 위해 그 유일한 열쇠였던 아라비아어를 열심히 공부한 때였다.

5

하룬 알 라시드의 치세로부터 10여 년 전인 773년에 바그다드의 궁전을 찾은 인도 천문학자가 있었다. 그는 인도에서 만든 천문표를 가지고 와서 당시의 칼리프에게 바쳤다. 우리는 이 역사적 사실에서 인도의 기수법이 아라비아인들에게 소개된 시기를 추정할 수 있다. 실제로 그후에 나온 아라비아 수학자들의 글에서 〈인도 산술〉이라는 말을 자주 볼 수 있는 것도 이 추정을 뒷받침하는 증거라고 볼 수 있다.

이 인도의 기수법은 얼마 안 가서 당시까지 사용되던 아라비아 숫자를 대신해 상인이나 수학자 사이에 널리 보급되기 시작했다. 실제로 아라비아인들은 그때까지도 숫자다운 숫자를 갖고 있지 못했다. 마호메트가 등장하기 전, 아라비아인들이 아라비아반도를 벗어나지 못하고 있을 때에 그들은 수를 모두 말로 나타냈다. 또 사방을 정복하고 재정이 팽창함에 따라 큰 수를 계산할 필요가 생겼지만, 일관된 기수법이 없어 각 지방마다 피정복 민족 고유의 숫자를 쓰게 하거나, 아니면 수를 나타내는 아라비아어의 머리글자로 숫자를 대용할 수밖에 없었다. 나중에 그리스의 방식을 흉내 내서 28개의 아라비아 문자를 이용해서 수를 나타내는 방법도 잠시 사용하기는 했지만, 이것도 인도 숫자가 보급되기 시작하자마자 사라져 버렸다.

이렇게 겨우 2세기 동안에 여러 종류의 기수법을 경험한 아라비아인들이 마침내 인도의 기수법을 채용하게 된 것은, 그들의 관대한 이국(異國) 취향 때문은 아니다. 사실 인도의 기수법은 다른 어떤 기수법보다도 훌륭한 장점을 가지고 있다. 아라비아인들은 그 장점을 채용한 것이다. 그렇기 때문에 이 책을 통해 인도 사람이 만든 기수법이 무엇인지 살펴보는 것은 결코 무익한 일이 아니다.

6

아래의 〈그림 2〉에서 알 수 있듯이 〈아라비아 숫자〉——아니 혼란을 피하기 위해서 〈산용 숫자(算用數字)〉라고 하자

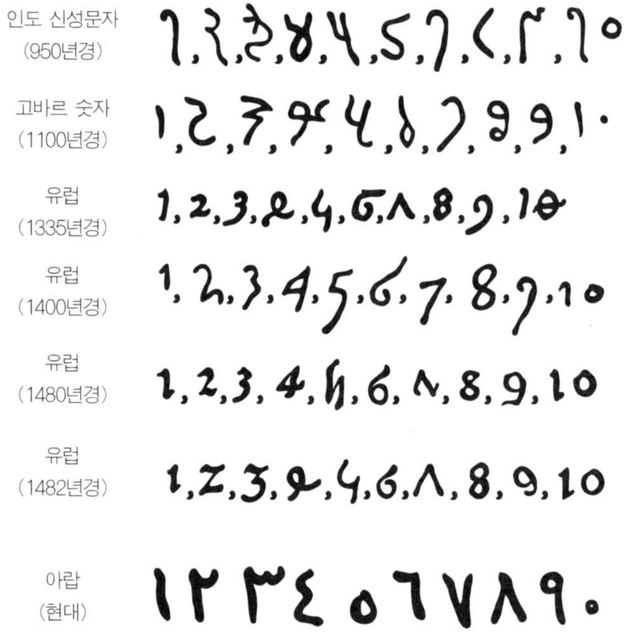

인도 신성문자 (950년경)	1,2,3,8,4,5,7,<,٢,٦٥
고바르 숫자 (1100년경)	1,2,3,9,4,6,7,8,9,1·
유럽 (1335년경)	1,2,3,℞,4,6,Λ,8,9,10
유럽 (1400년경)	1,2,3,4,5,6,7,8,9,10
유럽 (1480년경)	1,2,3,4,5,6,Λ,8,9,10
유럽 (1482년경)	1,2,3,9,4,6,Λ,8,9,10
아랍 (현대)	١٢٣٤٥٦٧٨٩٠

그림 2 아라비아 숫자의 변천

──산용 숫자의 모양은 시간과 장소에 따라 조금씩 달라졌다. 그 변천의 흔적을 더듬어 보는 것도 재미있는 일이기는 하지만 너무 번잡할 수 있으므로 여기서는 언급하지 않겠다. 그리고 이 책에서는 기수법의 원리만을 다룰 것이기 때문에 숫자는 우리가 현재 쓰고 있는 것을 그대로 쓰려고 한다.

새삼스레 설명하는 것이 좀 우습기도 하지만, 인도식 기수법은, 예를 들면 이만 칠천오백이십구를 27,529라고 쓴다. 여기서 2라는 숫자가 두 번 나오는데 그중 하나는 이만을 나타내며, 나머지 하나는 이십을 나타낸다. 즉 같은 글자가 그 자리에 따라서 다른 수를 나타내는 것이다. 그래서 이 기수법을 〈자리잡기〉 기수법이라고 부르기도 한다.

자리잡기 기수법은 주판을 써서 수를 표현하는 방법과 원리가 같다. 그러나 이 방법으로 종이 위에 모든 수를 적으려고 해보면, 1에서 9까지의 숫자만으로는 불가능하다는 것을 알게 된다. 예를 들어 십팔과 백팔과 백팔십을 각각 18, 108, 180이라 써보면 바로 알 수 있는 것처럼, 각각의 숫자를 구별하기 위해선 아무래도 0이라는 숫자가 필요하다. 이렇게 1에서 9까지의 숫자에다 0을 더한 10개의 숫자를 사용하면 어떠한 자연수(양의 정수)라도 자유롭게 나타낼 수 있다. 이 사실은 누구나 알고 있기 때문에 새삼스럽게 설명할 필요도 없을 것이다.

이 0이 들어가는 자리는 주판으로 치면 알을 움직이지 않고 밑에 내려놓은 상태에 해당하는데, 이렇게 비어 있는 자리를 나타내는 기호 없이는 자리잡기 기수법이 성립할 수 없다. 즉 0이야말로 인도 기수법의 핵심이다. 하지만 어떤 사람은, 이 정도의 장점이라면 주판에서 겨우 한걸음 정도 더 나간 것에 불과하지 않느냐고 질문할 수도 있을 것이다. 그러나 이 한걸음은 인류 문화사의 관점에서 볼 때 정말 거대한 한걸음이었다.

주판은 이집트, 그리스, 로마 등 시대와 장소에 따라 모양이나 구조에서 다소 변화가 있기는 했지만, 많은 나라에서 계산 도구로 애용되었다. 게다가 계산법을 잠시 무시하고 보면 수를 주판 위에 나타내는 방식은 대략 오늘날 우리가 쓰고 있는 방식과 크게 다르지 않았다.

주판의 모양과 사용법이 여러 나라에서 다양하게 변화하고 있는 사이에 몇천 년의 세월이 흘렀다. 그러나 어떤 나라에서도 자리잡기 기수법은 발명되지 않았다. 말을 바꾸면, 0은 어떤 나라 어떤 시대에서도 발견되지 않았던 것이다.

7

그렇다면 이집트, 그리스, 로마에서는 어떤 기수법을 사용해 왔던가? 그 대표적인 것들을 모아서 〈그림 3〉에 실어 놓았다.

이집트　　　𓏺𓏺　𓎈𓎈𓎈𓎈　𓆼𓆼𓆼　𓂭𓂭𓂭𓏼

아티카　　M M Γ^X X X Γ^Δ Δ Δ Γ IIII

로마　(((I))) (((I))) I)) (I) (I) D X X V IIII

　　　2　　　　7　　　5　　2　　　9

그림 3 고대 문명의 기수법으로 표기한 27,529

 우선 이집트의 기수법을 살펴보자. 이집트 기수법의 구조는 별로 설명을 할 것도 없다. 예를 들어서 10,000을 나타내는 숫자는 손가락이고 1,000을 나타내는 숫자는 연잎에서 따온 것이다. 이런 모양의 숫자는 기원전 3300년경부터 사용되어 왔다. 그후 상형문자의 모양이 해체되어, 더 쓰기 쉬운 모양이 되었지만 기수법의 구조 자체는 크게 변화하지 않았다. 그리스 숫자는 솔론의 시대(기원전 600년경)에 아테네를 중심으로 한 아티카 지방에서 사용되던 것을 실어 놓았다. 이 숫자는 페리클레스 시대(기원전 460년경)에 공용 숫자로 채택되었다.

 〈그림 3〉에 나오는 기호는 현대에도 1을 나타내는 | 말고는

영의 발견 29

모두 수를 표현하는 그리스어 알파벳의 머리글자에서 따온 것이다. 예를 들어서 X는 XIΛOI(1,000)의 머리글자이고, Γ는 ΠENTE(5)의 머리글자 Π의 옛날 형태이다. 또 ⌐는 5,000을 표현하기 위해 앞의 두 기호를 합친 것이다.

기원전 5세기경부터 그리스에서 이 기수법 외에 다른 기수법이 사용되기 시작했다. 이것은 아래 〈그림 4〉처럼 알파벳을 순서대로 배열함으로써 자연수를 표현하는 방식이다.

숫자의 종류가 무턱대고 많다는 것만 봐도, 이 방식이 앞의 아티카 방식과 비교해서 결코 우수하지 못하다는 것은 명백하다. 그리스에서 대수학이 발달하지 못한 이유로 이 알파벳식 기수법의 사용을 거론하는 사람도 있을 정도로 이 기수법은 비효율적인 것이었다. 역사적 사실 여부는 차치하고라도

α	β	γ	δ	ε	ς	ζ	η	θ	ι	κ	λ	μ	ν	ξ	o	π	o
1	2	3	4	5	6	7	8	9	10	20	30	40	50	60	70	80	90

ρ	σ	τ	υ	ϕ	χ	φ	ω	∂	$,\alpha$	$,\beta$
100	200	300	400	500	600	700	800	900	1,000	2,000

$,\gamma$	M	$\overset{\beta}{M}$	$\overset{\gamma}{M}$	$\overset{\beta}{M}, \zeta\phi\kappa\theta$
3,000	10,000	20,000	30,000	27,529

그림 4 알파벳을 이용한 그리스 기수법

기수법과 대수학의 발달을 연관시킨 이 주장만큼은 기억해 둘 필요가 있다.

아무튼 이렇게 비효율적인 방식이 새롭게 고안된 이유를 분명하게 알 길은 없다. 하지만 당시에 숫자를 적는 데 사용된 재료가 값비싼 파피루스나 토기의 파편이었음을 생각하면, 자리를 덜 차지하는 알파벳식 기수법이 환영받았을 것이라고 추측해 볼 수 있다. 참고로 알파벳식 기수법과 인도식 기수법을 비교해 보기 바란다.

로마 숫자는 요즘에도 시계 숫자판이나 연대를 나타내는 데 사용되고 있으므로 따로 설명하지 않아도 될 것 같다. 다만 1,000을 나타낼 때 M보다는 〈그림 3〉의 (I)가 더 많이 쓰였다는 것에 주목해야 한다. 500을 나타내는 D는 바로 1,000을 의미하는 (I)의 반쪽이다. ((I))가 10,000이고 I))가 그 반인 5,000인 것도 쉽게 추측할 수 있다. 또 V, L, D처럼 5, 50, 500을 나타내는 기호가 따로 있었던 것을 볼 때, 로마 기수법이 이집트의 기수법과는 달리 엄격한 의미의 십진법이 아니라 오진법의 색채를 띠고 있었음을 알 수 있다.

이상의 기수법이 모두 자리잡기 기수법이 아닌 것은 말할 필요도 없다. 예를 들어서 로마 숫자 X는 자리와 관계없이 언제나 10을 나타낸다. 따라서 빈자리를 표시하는 숫자는 불필요하며 앞에서 인도 기수법에 따라 18, 108, 180으로 나타낸 세 수는 로마 기수법에 따르면 각각 XVIII, CVIII, CLXXX 로 적는다. 따라서 0을 쓰지 않고도 수를 명확하게 구별할 수 있다.

8

인도 기수법을 이용하면 숫자 기호 10개만으로 모든 자연수를 자유로이 표현할 수 있다는 것은 이미 앞에서도 설명했다. 그런데 더 앞에서 소개한 것처럼 이집트, 그리스, 로마 등의 기수법을 따르면 자리수가 하나 늘어날 때마다 새로운 숫자 기호가 적어도 하나는 있어야 한다는 것을 여러분도 쉽게 알 수 있을 것이다. 따라서 고대 문명의 기수법을 이용해 모든 자연수를 표현하려고 하면 무한히 많은 숫자를 고안해 내야 하는 어려움에 직면하게 된다.

가령 숫자 기호의 종류가 가장 적게 쓰이는 이집트의 기수법에서도, 지금 본 것처럼, 다섯 자리의 수를 나타내려면 다섯 가지 숫자가 있어야 한다. 언뜻 생각하면 산용 숫자 10개보다 적어서 간단할 것 같지만 이것은 비교적 작은 수를 적을 때의 이야기일 뿐이다. 요즘처럼 수백억, 수십조 하는 큰 수일 때는 이집트의 기수법으로는 열한 가지 이상의 숫자가 필요하다는 점을 놓쳐서는 안 된다.

그리스에서 알파벳의 머리글자를 이용한 기수법이 사용된 시대에는 당시의 기수법을 이용해 억(億) 단위의 수를 그럭저럭 나타낼 수 있었다. 이것은 당시 사람들이 다룬 수 중에서 가장 큰 것이 1억 정도였다는 것을 말해 주고 있다. 이것과 남아프리카 부시맨이 사용하는 숫자가 1과 2뿐이고 그 이상은 〈많다〉라는 말로 표현한다는 것을 아울러 생각해 보면, 억이라는 숫자가 문명 수준을 평가하는 척도라고 해도 틀린 이야기는 아닐 것이다.

오늘날처럼 과학이 고도로 발전하고 또 산업이 눈부시게 발달한 세상에서는 필연적으로 아주 큰 수를 다뤄야만 한다. 그래서 인도 기수법 없이는 단 하루도 살 수 없게 되었다. 아니, 인도 기수법이 없었더라면 오늘날의 과학 문명이 존재할 수 없었다고 말하는 편이 적절할지도 모른다.

인도 기수법의 장점은 이것만이 아니다. 예를 들어, 인도 기수법을 사용하면 두 숫자의 대소가 일목요연해진다는 것도 이 기수법의 두드러진 장점으로 꼽을 수 있다. 그뿐만이 아니다. 우리는 필산에 너무 익숙해져 있어서 자칫하면 그 은혜를 잊기 쉽지만, 이렇게 편리한 계산법은 자리잡기 기수법이 있었기 때문에 비로소 가능했다. 우리는 이것을 명심해야 한다. 지금 구식(舊式) 기수법으로 필산을 한다고 생각할 때 덧셈, 뺄셈은 잠시 제쳐놓고서라도 곱셈, 나눗셈의 어려움은 상상을 초월한다. 사실 앞서 말했듯이 이집트, 그리스, 로마에서 계산은 많은 경우 주판으로 했고, 숫자는 단지 계산 자료와 그 결과를 기록해 두는 수단에 그쳤다.

예전부터 존재해 온 숫자와 기수법을 〈기록 숫자〉와 〈계산 숫자〉, 이 두 가지로 분류해 보는 것도 의미 있는 일이다. 인도 기수법이야말로 유일한 〈계산 숫자〉인 동시에 우수한 〈기록 숫자〉이다.

9

비교적 최근의 연구를 통해 중남미의 마야 문명(이 문명은 16세기경에 멸망했다)이 대략 서기 기원(紀元) 무렵에 이십진법을 이용한 자리잡기 기수법을 가지고 있었다는 게 밝혀졌다. 하지만 이것은 현대 문명과는 전혀 왕래가 없던 문명에서 벌어진 일이라서 여기서는 다루지 않고 넘어가야 할 것 같다. 또 바빌로니아인들이 육십진법을 이용한 자리잡기 기수법을 알고 있었고, 0에 해당하는 기호를 쓰고 있었다는 사실을 기원전 2세기경에 그들이 만든 만월표(滿月表)로 알 수 있지만, 그 기호는 그저 빈자리를 나타내는 표시에 그쳤고, 계산에는 전혀 사용되지 않았다. 뿐만 아니라 바빌로니아의 기수법은 후대로 계승되지 못했고, 일반인들에게 보급되지도 못했다.

⟨0의 발견⟩은 단순히 숫자 기호를 발견했다는 의미만 있는 것이 아니다. 0을 하나의 수로서 인식하고, 나아가 이 새로 발견된 0이라는 ⟨수⟩를 사용해 새로운 계산법을 발명했다는 역사적인 대사업을 의미한다. 그런데 이 역사적인 대사업은 결국 인도 사람들의 재능을 통해 성취되었다.

10

0이 발견된 것이 정확하게 언제인지는 알 수 없다. 또 이것이 구체적으로 누구의 업적인지도 모른다. 다만 많은 학자들이 6세기경부터 인도에서 자리잡기 기수법이 사용되고 있었던 게 아닐까 하는 추측을 내놓고 있다.

7세기 초반에 활동했던 인도의 수학자 브라마굽타의 책에는 어떤 수에다 0을 곱해도 그 결과는 0이라는 것, 또 어떤 수에다 0을 더하거나 빼도 그 값에는 변화가 없다는 0의 성질이 기록되어 있다. 이것을 오늘날 우리가 사용하는 기호로 나타내면,

$$a \times 0 = 0, \quad a+0=a, \quad a-0=a$$

라고 쓸 수 있다. 0의 이런 성질이 오늘날의 필산에서 핵심적인 역할을 담당하고 있다는 것은, 조금만 생각해 보면 바로 알

수 있다.

브라마굽타는 자리잡기 기수법을 이용한 실제 계산 방법에 대해서는 언급하지 않았는데, 그것은 그런 계산 방법을 이미 세상 사람들이 잘 알고 있어서 번거롭게 다시 설명할 필요가 없었기 때문인 것 같다. 어쨌든 방금 말했듯이 인도인들이 0을 수로 인식하고 있었던 것으로 미루어 볼 때 이 추측이 어느 정도의 근거를 가지고 있다는 것은 부인할 수 없다.

8세기나 9세기의 인도 화폐나 문서 기록을 보면 현대 기수법의 조상이라고도 할 만한 것이 좀 남아 있다. 그런 기록이 그 시대에 만들어졌다는 것을 볼 때, 그보다 훨씬 앞선 시대에 0을 이용한 자리잡기 기수법이 상당히 보급되어 있었다고 보는 게 온당할 것이다.

인도에서는 나무판 위에 모래를 뿌려 놓고 거기다 숫자를 써가면서 계산을 하는 관습이 있었다. 계산이 끝나면 결과는 말로 기록하고, 모래 위에 쓴 숫자는 지워 버렸다. 이런 관습 때문에 인도에서 현재까지 남아 있는 숫자 기록을 찾아보기 힘들다. 이런 사정은 브라마굽타의 수학책에 인도 숫자를 사용한 계산 방법이 기록되지 않은 이유를 어느 정도 설명해 주는 것 같다.

11

〈0은 수다〉라고 말해 봤자 요새 사람들에게는 옛날 사람들이 이 말을 처음 들었을 때처럼 귀가 번쩍 트이는 신선한 맛이 없을 것이다. 그러나 일반 사람들이 이 말의 참뜻을 제대로 이해하고 있는지의 여부는, 사실 좀 생각해 봐야 할 것 같다.

태평양 전쟁(1941-1945년) 전의 일인데, 어떤 전문학교(대학교의 전신)의 입학시험 때 수험생 전원을 세 반으로 나눌 필요가 생겼다. 이때 한 수학 선생이 수험생들을 수험번호가

(가) 3으로 나눠서 딱 떨어지는 사람,
(나) 3으로 나눠서 1이 남는 사람,
(다) 3으로 나눠서 2가 남는 사람

의 세 반으로 편성하자고 했더니, 다른 선생들이 상식을 벗어난다는 평범한 비난과 함께, 수험번호가 1번인 사람과 2번인 사람은 어느 반에도 들지 않게 될 거라는 비판(?)을 했다고 한다. 그 수학 선생은 다른 선생들의 비판에 매우 놀랐다고 한다.

수학 선생이 놀란 것은 당연한 일이지만 다른 선생들의 생각도 이해하지 못할 것은 아니다. 1을 3으로 나누면 몫은 0이고 나머지는 1이므로 당연히 (나) 반에 가게 되는 것인데도, 이미 학교 교육을 받은 지 한참 되는 다른 선생들에게는 지나

치게 형식적이고 자연스럽지 못한 발상으로 보였던 것 같다. 이들의 생각도 보통 사람의 〈상식〉에서 보면 이상한 게 아닐 수도 있다. 하지만 일단 0을 수로 생각해서 브라마굽타가 아주 먼 옛날에 기록한 덧셈, 뺄셈, 곱셈에 관한 성질을 받아들이기만 하면, 그 수학 선생의 발상에 따라서 일을 처리하는 것이 합리적이라는 것을 알 수 있다. 그렇지 않으면, 일부러 수학에 0을 도입한 의미도 없어질 것이다.

형식적인 생각이라고 비난할 수도 있지만, 형식적인 것이야말로 수학의 근본적인 특징이다. 이것이 없었다면, 오늘날 수학의 발전 역시 없었다고 해도 과언이 아니다. 대수학이 그리스에서 발달하지 못한 것은, 앞에서도 말했듯이 그리스의 알파벳식 기수법의 영향도 무시할 수 없지만, 그리스인의 수학이 어떤 의미에서 지극히 구체적인 것이라서 대수학처럼 형식적인 것과는 잘 맞지 않았던 것도 하나의 이유로 꼽을 수 있다.

그리스 시대에 0이 발견되지 않은 이유가 무엇이냐는 질문에 대해서는 방금 이야기한 그리스 수학의 구체성 때문이라고 대답하면 될 것 같다. 그러면, 하필 인도에서 0의 개념이 발달할 수 있었던 것은 무엇 때문이냐는 질문이 당연하게 나온다. 당연한 일이겠지만, 이런 종류의 질문에 대해서는 명쾌한 답을 기대할 수 없다. 개중에는 이것을 〈공(空)〉 같은 인도의 전통적인 철학 사상과 결부시켜 설명하려는 사람도 있지만, 이 설명이 정말 타당한 것인지는 좀 의심스럽다. 이런 고차원적인 설명은 좀 흥미로운 이야깃거리일 수도 있지만, 문제의 본질에 대한 해답이 못 되는 것 같다.

그보다는 이 문제를 좀더 기술적인 측면에서 바라봐야만 문제의 본질이 비로소 명백해지는 것은 아닐까. 기술적이라는 의미는 앞서 말한 형식주의적 수학 사상을 가리키는 것인데, 지금 여기서 그렇게 형이상학적인 것을 세세히 논의하는 것은 일단 접어 두고 기술적인 측면에 논의를 집중시키고자 한다. 즉, 인도의 명수법(名數法)과 0의 발견 사이의 인과관계가 무엇인지를 알아보고자 한다.

1.2

인도의 명수법은 모든 명수법 중에서 가장 십진법에 충실한 명수법이다. 보기를 들어서 설명하는 것이 가장 빠를 것 같다. 예를 들어서, 우리는

3,694,666,976

을 한자의 명수법을 이용해

삼십육억 구천사백육십육만 육천구백칠십육

이라고 읽는다. 그런데 인도에서는 자리수가 하나씩 올라갈 때마다 새로운 수명사(數名詞)를 썼다. 〈만〉에서 네 자리 올라가야 처음으로 새로운 수명사 〈억〉이 나오는 우리 한자 문화권과는 사정이 꽤 다르다. 인도에서는 앞의 수를,

　　　3파드마스 6비알푸다스 9코티스 4프류타스 6락사스 6아유타스 6사하스라 9시아타 7다샨 6

이라고 읽는다.

　숫자의 명칭은 지방마다 달랐으며, 더러 높은 자리의 수명사와 낮은 자리의 수명사를 뒤바꿔 말하는 경우도 있었던 것 같다. 그러나 이런 식의 명수법에 따르면, 영어에서 전화번호를 읽을 때처럼 〈삼육구사육육육구칠육〉 하고 읽는 것과 별 차이가 없으므로 자리수가 낮은 수명사만 정해 놓으면 높은 자리의 수명사가 좀 잘못 되어도 큰 혼란은 생기지 않는다. 다만, 그러자면 결국 0 같은 빈자리를 나타내는 말이 자연스럽게 필요해진다.

　인도인들은 자리잡기 기수법이라는 독특한 아이디어를 주판에서 얻었을 수도 있지만, 이런 인도 특유의 명수법에서 얻었을 수도 있다. 이렇게 생각하는 것도 그리 부자연스럽지는 않은 것 같다(이 절은 스미스 D. E. Smith와 카르핀스키 L. C. Karpinski의 주장에 따랐다).

13

이렇게 해서 우리가 지금 사용하고 있는 기수법이 인도에서 기원해 아라비아인들에게 전래된 경위가 밝혀진 지금, 이제는 이것이 어떤 경로를 통해 유럽으로 흘러 들어갔는지를 말할 차례이다.

9세기 초, 바그다드의 칼리프와 프랑크의 왕이 서로 교류했다는 이야기는 앞에서 소개했다. 쉽게 상상할 수 있겠지만, 이 이야기는 단순히 동쪽 세상의 주인과 서쪽 세상의 주인이 친하게 지냈다는 걸로 끝나지 않는다. 이들의 교류는, 기독교도가 성지 예루살렘을 참배할 수 있도록 교통로를 열어 주는 호의를 동방의 지배자로부터 얻고, 그 대가로 이슬람교도가 지중해의 여러 항구를 교역의 기지로 삼을 수 있도록 서방이 양보했다는 정치적인 의미도 갖고 있었다.

기독교도의 성지 순례는 벌써 4세기경부터 시작되었다. 갈리아(지금의 프랑스, 벨기에, 독일) 내륙 깊은 곳에서부터 산을 넘고 강을 건너 머나먼 팔레스타인까지 가려는 경건한 신도들의 행렬은 몇백 년 동안 끊임없이 이어졌다. 그들과 함께, 이익이 많이 남는 장사라면 어디를 막론하고 찾아가는 많은 수의 기독교도, 이슬람교도, 그리고 유대인 상인들도 그 길을 따라 동서를 끊임없이 왕래했다.

이런 나그네들은 자연스럽게 동방 이교도들의 문물을 유럽의 각지에 전파하는 역할을 했다. 그런 것들 중에 우리가 논의하고 있는 인도 수학과 인도 기수법도 포함되어 있었을 것은 쉽게 상상할 수 있다. 다만, 이렇게 우수한 기수법도 처음에는 역시 동방의 특산물인 그리스 기수법과 함께 단순히 이국적인 진기한 습속(習俗)의 하나로 호기심을 끈 정도에 그쳤을 것이다.

14

인도 숫자는 스페인의 서칼리프 왕조를 통해서도 유럽으로 흘러 들어갔다.

사라센 사람들이 스페인으로 쳐들어간 것은 8세기 초였다. 그들은 프랑크 왕국까지 정복하려 했으나, 732년 푸아티에에서 벌어진 전투에서 패하여 유럽 석권의 꿈을 포기하고 말았다. 여담이지만, 프랑스의 작가 아나톨 프랑스(1844-1924년)는, 이 푸아티에에서 프랑크 군대가 이긴 것을 문명의 불행이라고 한 적이 있다. 그의 말은, 그때 만일 사라센 사람들의 침입을 허락했다면 프랑스 문화의 발전이 훨씬 빠르게 촉진되었을 것이라는 의미였다. 그 주장의 타당성은 접어 두고라도 당시 사라센 사람들의 문화가 프랑크 왕국의 문화와 비교해서 한 단계 위였던 것만은 의심의 여지가 없다.

이런 형편이기는 했으나 한동안 스페인의 기독교도는 이슬람교도로부터 매우 관대한 대접을 받았다. 그들은 종교의 자유도 보장받았고 관직에 종사할 수도 있었다. 이렇게 정복자와 피정복자 사이의 관계는 참으로 밀접해서 젊은 기독교도들은 사라센의 학문 그리고 예술과 친해지기 위해 노력을 아끼지 않았다.

불행하게도 이렇게 평화로운 상황은 영원히 지속되지 못했다. 하지만 11세기에 들어서도 코르도바, 톨레도, 그라나다 등지에 설립된 이슬람교의 대학들이 발달함에 따라 영국, 이탈리아 등의 유럽 각지에서, 때로는 이슬람교도에게 몸을 굽히는 굴욕을 감내하면서까지 이슬람의 대학으로 유학을 오는 학생들이 적지 않았다. 이 학생들이 다양한 사라센 문물과 함께, 이 도시들에까지 전래되어 있던 인도의 숫자와 기수법을 유럽에 가지고 들어가는 데 한몫했음을 쉽게 상상할 수 있을 것이다.

실은 동칼리프 왕조에서 쓰인 숫자와 서칼리프 왕조에서 쓰인 숫자(이것을 고바르 숫자라고 한다)는 상당히 다른 모양을 하고 있었다. 후자가 언제 어떤 경로를 통해서 스페인으로 전해졌는지, 또 자리잡기 기수법에 따른 완전한 기수법이 스페인에 정착된 것이 언제였는지에 대해서는 여러 설이 있으나 모두 다 가설의 범위를 벗어나지 못하는 것뿐이고 확실한 것은 하나도 없다. 다만, 동칼리프 왕조의 문물이 별다른 장애 없이 서칼리프 왕조로 들어갔다고는 하지만, 이 두 나라의 정치적 관계가 결코 양호했다고 할 수는 없음을 알아두자. 실제로 코르도바의 칼리프는 바그다드에서 영화를 누린 아바스 왕조에게 멸망당한 옴미아드 왕조의 후예였다.

15

어쨌거나 위에서 말한 여러 경로를 거쳐서 인도의 기수법이 유럽으로 침투해 들어가기 시작할 무렵, 유럽에서 사용되고 있던 숫자는 주로 로마인들이 전한 소위 로마 숫자였다. 앞에서도 말했지만, 로마인들은 이 로마 숫자를 계산의 자료나 결과를 적어 두는 데 주로 사용했고, 습관적으로 주판을 이용해 계산을 했다. 다만 〈그림 5〉에서 알 수 있듯이, 덧셈과

$$+\frac{\begin{array}{c}DCCLXXVII\\ CC\ X\ VI\end{array}}{DCCCCLXXXXIII} \qquad +\frac{\begin{array}{c}777\\ 216\end{array}}{993}$$

$$-\frac{\begin{array}{c}DCCLXXVII\\ CC\ X\ VI\end{array}}{D\ \ L\ X\ I} \qquad -\frac{\begin{array}{c}777\\ 216\end{array}}{561}$$

그림 5 로마 기수법을 이용한 덧셈과 뺄셈

뺄셈을 필산으로 할 때 특별한 경우엔 인도 기수법보다 로마 기수법을 따르는 편이 편한 경우도 있어서, 상업부기 등에서는 17세기경까지 로마 숫자가 애용되었다.

로마 제국 이래 널리 사용된 주판은, 널판 위에 몇 줄의 평행선을 그리고 바둑알처럼 생긴 돌을 평행선 위에 놓아 가며 계산을 하는 구조를 가지고 있었다. 즉 이 줄을 순서대로 1의 자리, 10의 자리, 100의 자리로 하고 줄과 줄 사이, 예를 들어서 100의 자리 줄과 1,000의 자리 줄 사이는 500을 나타내는 것으로 했다. 〈그림 6〉은 지금까지 여러 번 사용한 숫자 27,529를 이 주판으로 나타낸 것이다. 이런 식으로 줄과 줄 사이를 이용해서 그 바로 아래 자리의 다섯 배를 나타내는 방식은, 로마 기수법이 엄격한 십진법이 아니라 오진법으로도

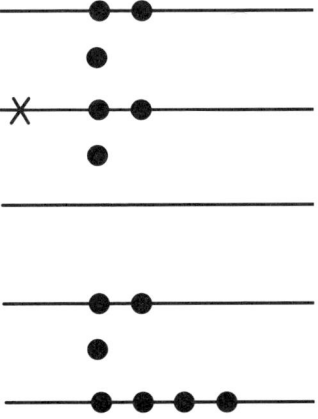

그림 6 로마 주판으로 표시한 27,529

영의 발견 45

해석될 수 있음을 보여준다.

　이 주판은 인도의 숫자나 기수법이 보급되기 시작한 뒤에도 한동안 쓰였던 것 같다. 프랑스 절대왕정 전성기에는 귀족들 사이에 새해 선물로 값비싼 주판을 주고받는 풍습이 있었다. 루이 15세는 해마다 선물로 받은 황금 주판을 녹여서 황금 쟁반을 여섯 개씩이나 만들었다고 한다. 또 프랑스의 희극작가 겸 배우인 몰리에르(1622-1673년)가 쓴 「병은 마음에서」라는 희곡에서 막이 오를 때 바로 이 주판 비슷한 것이 등장하는 것을 보면 주판이 인도 기수법 보급 이후에도 여전히 사용되었음을 알 수 있다.

　이 〈돌놓기 주판〉을 이용한 덧셈과 뺄셈은 아주 간단하기 때문에 새삼스럽게 설명할 필요는 없다. 그러나 곱셈일 때는 꽤 복잡하기 때문에 〈그림 7〉에서 보는 것처럼 필산과 거의 같은 수고를 해야 한다. 괜한 설명 같기는 하지만 좀더 자세히 설명해 보자. 우선 I의 칸에 곱해질 수인 피승수(被乘數) 365를 놓고 II의 칸에 곱할 수인 승수(乘數) 1,523을 놓는다. 다음 A칸에 피승수 365의 1,000배를 돌로 놓고서 승수 1,523 중 1,000을 나타내는 돌을 치운다. 다음에는 B칸에 365의 500배를 나타내는 돌을 놓고 승수에서 500을 나타내는 돌을 치운다. 이런 식으로 계산을 계속해서 승수의 마지막 자리인 3을 나타내는 돌을 치우고 난 후에 A, B, C, D 각 칸의 수를

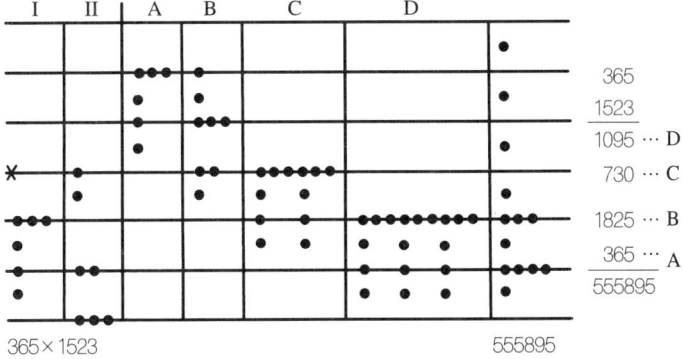

그림 7 로마 주판을 이용한 곱셈

합해서 곱 555,895를 얻는다(승수의 돌을 차례로 치우는 것은 각각의 곱셈이 끝났음을 확인하기 위한 것이지, 다른 이유는 없다). 필산을 이용하면 별 것이 아닌데 이런 정도의 계산을 하기 위해 돌을 놓았다 치웠다 하는 수고를 해야 된다는 것을 생각하면 그것이 얼마나 번거로운지 짐작할 수 있다.

물론 승수가 비교적 작은 수일 때는 2를 여러 번 곱해서 결과를 구하는 방법은 예로부터 많이 쓰였던 것 같다. 예를 들어서 57에 13을 곱해서 곱 741을 얻는 경우를 살펴보자. 이 경우엔 13이 1과 4와 8의 합인 것을 이용해서 57에 1을 곱한 57과 그 57에 4를 곱한 228과, 8을 곱한 456을 합쳐 답을 얻는다. 그 구조를 산용 숫자로 나타내면 다음과 같다.

영의 발견 47

$57 \times 2 = 114$

$57 \times 4 = 114 \times 2 = 228$

$57 \times 8 = 228 \times 2 = 456$

$57 \times 13 = 57 + 228 + 456 = 741$

나눗셈의 경우에는, 오늘날 우리가 사용하고 있는 나눗셈 구구단이 없었기 때문에 빼기를 계속하는 수밖에 없었다. 우선 나뉘는 수인 피제수(被除數)에서 나눌 수인 제수(除數)를 빼고서 주판 위에 1을 표시한다. 그런 다음 한번 뺀 나머지에서 또 제수를 빼고 돌을 더 놓아서 2를 표시한다. 이렇게 제수를 뺄 때마다 돌로 주판에 뺀 횟수를 표시해 가고, 마지막에 나머지가 제수보다 작아져서 더는 뺄 수 없게 될 때까지 위의 작업을 반복한다. 이때까지 기록된 횟수가 바로 몫이고, 남은 수가 바로 나머지인 것이다. 가령 745를 57로 나눌 경우를 오늘날 우리가 사용하는 산용 숫자를 이용해 그 구조를 나타내 보면,

	횟수
$745 - 57 = 688$	1
$688 - 57 = 631$	2
$631 - 57 = 574$	3
$574 - 57 = 517$	4
$517 - 57 = 460$	5

$460-57=403$ 6
$403-57=346$ 7
$346-57=289$ 8
$289-57=232$ 9
$232-57=175$ 10
$175-57=118$ 11
$118-57=\ 61$ 12
$\ 61-57=\ \ 4$ 13

몫 13   나머지 4

처럼 된다. 나눗셈에 관해서는 더 쓰고 싶은 것이 있으나 이 작은 책에서 다루기에는 너무 번거롭기 때문에 이만 마치기로 한다.

16

앞 절에서 이야기한 〈돌놓기 주판〉의 개량이라고 할 만한 것이 10세기 말에 고안되었다. 이것의 원리는 다음과 같다. 우선 주판알 하나하나에 각각 1에서 9까지의 번호(번호 0은 없어도 된다)를 적은 것을 여러 개 준비해 놓는다. 예를 들어서 주판 위에 40을 나타낼 때는 10의 자리에 돌 넷을 놓는 대신 번호 4의 돌을 하나 놓았다. 자세한 설명은 생략하고

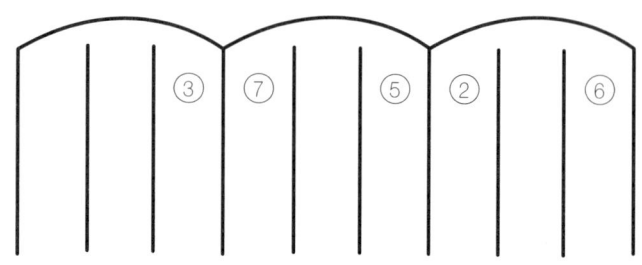

그림 8 제르베르의 개량 주판

3,705,206을 이 주판으로 표현하면 〈그림 8〉처럼 된다. 원래 사용된 숫자는 스페인 계통의 고바르 숫자였다. 얼핏 생각하면 이 〈개량〉 주판은 늘어놓을 돌의 수가 적은 만큼 먼저 것보다 편리할 것 같지만, 숫자가 적힌 돌을 골라야 하는 수고만으로도 보통 귀찮은 게 아님을 알 수 있다. 이런저런 이유로 이 개량 주판은 얼마 가지 않아서 쓰이지 않게 되었다.

이 주판의 고안자는 나중에 교황 실베스터 2세가 된 제르베르라는 학승이었다고 한다. 그런데 제르베르는 자신의 책에서 늘 로마 숫자를 썼고 인도 숫자는 사용하지 않았다. 제르베르는 고바르 숫자를 알고는 있었으나 이것을 자유로이 쓸 정도로 익히지는 못했던 것 같다. 다시 말해서 1에서 9까지는 알고 있었으나 0은 몰랐거나, 알고 있었다 해도 0의 가치를 제대로 이해하지 못했던 것 같다.

그렇기는 하지만, 〈악마에게 혼을 팔았다〉는 말까지 들었을 정도로 머리가 좋았던 이 교황이 〈개량 주판〉을 고안해 내고도 이 자리잡기 기수법에 생각이 미치지 못했다는 것은 좀 이해하기 어렵다. 오히려 이 사실을, 주판에서 자리잡기 기수법으로 나아가는 한 걸음이 얼마나 어려운지를 말해 주는 이야기로 받아들이는 편이 더 타당할 것 같다.

17

주판 이야기가 나온 김에 영국박물관에 보관되어 있는 로마 시대의 주판을 〈그림 9〉에 실어 보았다. 이것은 금속판에 홈을 파고 이 홈에 주판알을 박아서 이 주판알을 홈에 따라서 움직일 수 있게 한 것이다. 〈그림 9〉의 오른쪽 두 자리는 분수를 나타내기 위해서 쓰였던 것이나, 이것에 대한 설명은 생략한다. 이것을 제외한 나머지가 정수를 나타내는 부분이며, 우리가 쓰는 주판과 꼭 같이 천(天) 칸의 주판알(윗알)이 지(地) 칸의 주판알(아래알)의 다섯 배를 나타낸다. 우리가 쓰는 주판은 중국에서 온 것이고 중국의 주판은 중간에 있는 가름대 위에 있는 윗알이 둘, 가름대 아래의 아래알이 다섯 개였다. 이 윗알 하나를 줄여서 간편하게 한 것이 일본에서 근대 이전에 쓰인 재래식 주판이다. 근래에는 이것을 다시 개량해서 가름대 아래에 있는 아래알을 넷으로 줄인 〈네 알 주판〉을

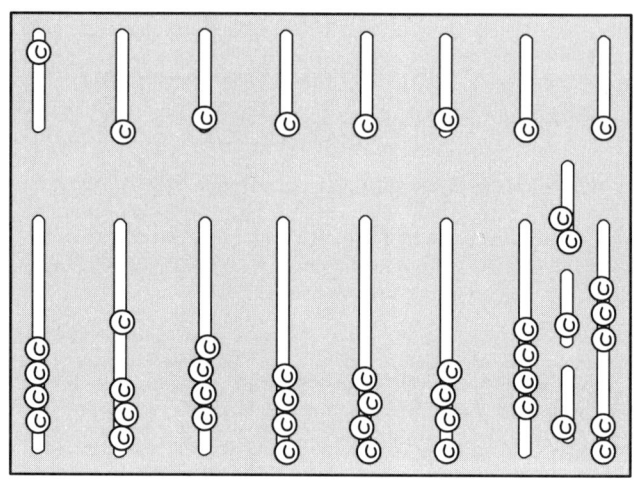

그림 9 로마 시대의 돌놓기 주판

사용하고 있다. 학교에서 가르치는 것이 이 주판임은 여러분도 잘 알고 있을 것이다. 〈그림 9〉의 로마 제국 시대의 주판은 얼핏 볼 땐 네 알 주판과 얼개가 같다. 이것을 일본 주판이 개량되어 온 것과 비교해 보면 이 주판이 매우 발달한 것이었다고 생각할 수도 있다.

다만 여기서 조심할 점은 이 로마 시대의 주판은 자리수가 퍽 적어서 겨우 7개뿐이라는 점이다. 천만 이상의 수를 표시할 수 없는 것은 그렇다 치고 검산(檢算)을 하기도 불편하다는 것을 한눈에 알 수 있다. 주판으로 계산할 때 계산 도중에 사용한 돌은 그때그때 변하고, 마지막으로 계산 결과만 주판 위에 남게 되므로 필산처럼 과정을 따라 가면서 계산이 제대로 되었는지를 확인할 수가 없다. 따라서 같은 계산을 두 번, 세 번 해서 계산이 옳다는 것을 확인해야 한다. 우리가 쓰는 주판은 보통 21자리를 갖고 있기 때문에, 가게 같은 데에서 점원이 한쪽 끝에서 먼저 계산을 하고, 이것을 그대로 둔 채 주판의 다른쪽 끝에서 또 계산을 하여 이 둘을 비교하는 것을 흔히 볼 수 있다. 로마의 주판은 처음 계산 결과를 종이에 적어 두든가 외워 두지 않으면 좀 큰 수를 계산할 때는 검산이 불가능해진다.

우리가 쓰는 주판과 로마 주판의 차이는 이것만이 아니다. 가장 중요한 차이는 주판의 구조에 있다. 여러분이 잘 알고 있듯이 일본 주판은 알맞게 미끄러지는 잘 손질한 대나무 살에다 주판알을 꽂고 그것을 막대에 나란히 박은 것이다. 이 알의 모양도 중국 주판알의 모양을 개량해서 손가락으로 튕기기 좋게 해놓은 것이라 달각달각 아주 빠르게 놀릴 수 있다. 그러나 금속 홈에 박은 돌은 일일이 손가락으로 밀어야 하므로 일본 주판처럼 빠르게 계산할 수 없다. 앞에서 설명한 〈돌놓기 주판〉을 사용한 계산은 돌 하나를 찾아서 놓을 자리에 놓고, 또 하나를 찾아서 놓을 자리에 놓아야 하는 꽤나 여유롭고 세월 가는 줄 모르는 방식이었을 것이다. 일본인들이 아직도 주판을 널리 쓰고 있는 데 비해서 서양인들이 주판 하면 구시대의 유물로 알고 있는 것은 이런 차이 때문일 것이다. 언뜻 보기엔 사소한 듯한 구조의 차이가 뜻밖에도 주판의 운명에 본질적인 영향을 주고 있다는 점은 무척 인상적이다.

하긴 근래 들어서 소위 계산기란 것이 나와서, 주판 대신 이것을 사용하는 경향이 점점 확산되고 있다. 그러나 아직도 주판을 버리지 않으려는 사람이 적지 않다. 아직도 주산학원이 영업하고 있고, 주산대회가 여전히 해마다 열리고 있다.

언젠가는 주판이 계산기에 밀려서 우리 사회에서 모습을 감추게 될 날이 올지도 모른다. 만약 그런 날이 온다면 그때까지 얼마나 긴 세월이 흐를 것일까? 이런 문제를 한번쯤 생각해 보는 것도 흥미로운 일이다.

18

세상에는 원리만 중요할 뿐 나머지는 알든 모르든 상관할 필요가 없는 일도 많다. 그러나 주판 같은 실용적인 도구의 경우에는 〈네 알〉이라는 구조적인 원리도 중요하지만 **빠른 속도로 계산할 수 있다는** 기술적인 장점도 결코 무시할 수 없다. 이런 의미에서 계산기를 말한 김에 얼마 전부터 보급되기 시작한 컴퓨터에 대해서 한마디 해둘 필요가 있을 것 같다 (〈그림 10〉의 사진 참조).

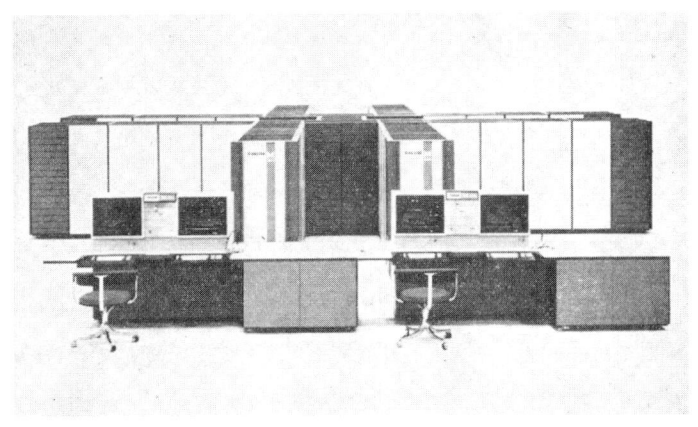

그림 10 현대의 초대형 컴퓨터의 사진(FACOM M-200)

컴퓨터로 하는 곱셈과 나눗셈의 원리는 매우 단순하다. 곱셈은 피승수를 승수에 해당되는 횟수만큼 더하는 것이고, 나눗셈은 피제수에서 제수를 계속 되풀이해서 빼는 것이다. 예를 들어서 나눗셈의 경우, 피제수와 제수를 지정해 놓고 나눗셈을 컴퓨터에게 명령하면 피제수에서 제수를 반복하여 뺀 결과(나머지)와 뺀 횟수(몫)가 출력되어 나온다.

15절의 끝부분(48쪽)에서 중세 유럽인들이 사용한 〈뺄셈으로 하는 나눗셈〉의 실례를 보였는데, 745를 57로 나누는 간단한 문제도 연필이나 주판을 들고 위에 설명한 방법으로 풀기 위해선 대단한 수고가 필요하다. 여러분도 실제로 해보면 그 번거로움을 실감할 수 있을 것이다. 첨단 기술의 결정체인 컴퓨터도 그 〈원리〉는 꼭 같다. 그러나 다른 점이라고 한다면, 첫째로 뺄셈이 아주 간단하게 자동으로 계산된다는 것과, 둘째로 뺀 횟수가 자동으로 기록된다는 점 정도일 것이다. 이런 기술의 발전 덕분에 매우 원시적인 〈뺄셈으로 하는 나눗셈〉이 이렇게 바쁜 현대 사회에서도 훌륭히 사용되고 있는 것은 흥미로운 일이다.

또 잘 알려져 있듯이 컴퓨터의 용도는 단순히 덧셈, 뺄셈, 곱셈, 나눗셈 등의 계산에만 한정된 것이 아니다. 〈인공두뇌〉라는 컴퓨터의 별명이 말해 주듯이, 그 용도는 점점 확대되고 있다. 이제는 현대 문명 사회에서 필수불가결한 버팀목이 되고 있는 것을 누구도 부인할 수 없다.

19

앞 절에서는 컴퓨터로 하는 곱셈, 나눗셈은 각각 단순한 덧셈, 뺄셈의 반복에 지나지 않는다는 이야기를 했다. 그러나 실제로는 이 덧셈, 뺄셈도 우리가 실제로 하는 덧셈, 뺄셈과 다르다. 컴퓨터 내부의 〈자동적〉인 덧셈과 뺄셈은 0, 1, 2, 3, 4, 5, 6, 7, 8, 9, 즉 10개의 숫자로 기록되는 소위 십진법을 사용하지 않는다. 우리가 일상적으로 쓰는 십진법 표기를 이진법 표기로 바꿔서 덧셈, 뺄셈을 하고 그 결과로 나오는 이진법 표기를 다시 십진법으로 바꿔 쓴다.

이진법 하면 귀에 낯설겠지만 이것은 별 것이 아니라 0과 1의 두 숫자만으로 모든 자연수를 나타내는 것이다. 그리고 자리잡기 기수법이라는 점에서 십진법과 다를 게 없다. 이것을 간단하게 설명해 보겠다. 그러기 위해서 우선 십진법을 복습할 필요가 있다.

예를 들어서 십진법으로 표기한 745는,

$$7 \times 10^2 + 4 \times 10^1 + 5 \times 10^0$$

을 간단히 적은 것이다($10^0=1$). 이것이 바로 자리잡기 기수법인 것은 말할 필요도 없다. 같은 방식으로 57은

$$5 \times 10^1 + 7 \times 10^0$$

을 간단히 쓴 것이다.

이상의 복습으로 준비가 다 되었으니 이제는 이진법을 설명해 보자.

0, 1, 2, 3, 4, 5, 6, 7, 8, 9로 이어지는 십진법에서 숫자 9가 나타내는 〈아홉〉의 다음 수인 〈열〉은 10으로 나타낸다. 이와 마찬가지로 이진법에서는 0, 1이라는 2개의 숫자를 가지고 모든 자연수를 표현한다. 숫자 1이 나타내는 〈하나〉의 다음 수인 〈둘〉은 10으로 나타낸다. 따라서 〈셋〉은 11, 〈넷〉은

100, 〈다섯〉은 101로 나타내게 된다. 예를 들어 이진법으로 표기된

　　111001

을 자리잡기 기수법의 원리에 따른 십진법 표기로 이해한다면

$$1\times 10^5+1\times 10^4+1\times 10^3+0\times 10^2+0\times 10^1+1\times 10^0$$

으로 111,001을 표시하는 것이라 생각할 수 있다. 그러나 이진법이므로 10을 2로 바꾸면 이것은

$$1\times 2^5+1\times 2^4+1\times 2^3+0\times 2^2+0\times 2^1+1\times 2^0$$
$$=32+16+8+0+0+1$$

이고, 바로 이진법으로 표기한 57이다.

이진법 표기를 십진법 표기로 바꿀 때는 이렇게 한다. 그렇다면 반대로 십진법 표기를 이진법 표기로 바꾸려면 어떻게 해야 할까? 이 요령을 〈상자글 1〉에 적어 놓았다.

이상의 설명으로 이진법의 원리를 이해할 수 있을 것이다. 그런데 십진법 표기를 이진법 표기로 바꾼 다음, 컴퓨터로 계산을 하고, 그 결과로 나오는 이진법 표기를 다시 십진법 표기로 되돌리는 수고를 하는 이유는 무엇일까? 이 의문은 당연하다. 이것을 다음과 같이 설명해 보자.

예를 들어서 57을 이진법으로 나타내 보자. 먼저 57보다 크지 않은 2의 거듭제곱 중에서 가장 큰 것을 구하자, 이것은 2^5 즉 32이다. 이로써 알 수 있는 것은 $57=1\times2^5+25$이므로 구하는 이진법 표기는 1*****의 모양이어야 한다 (여기서 *는 0아니면 1 중의 어느 하나를 나타낸다). 다음으로 〈나머지〉 25보다 크지 않은 2의 거듭제곱은 2^4 즉 16이므로 $57=1\times2^5+1\times2^4+9$가 되고 이진법 표기는 11****의 모양이 된다. 이번에는 〈나머지〉 9의 차례인데, 이것을 넘지 않는 2의 거듭제곱은 2^3 즉 8이다. 따라서 $57=1\times2^5+1\times2^4+1\times2^3+1$인데 이것을 좀더 자세히 나타내면 $57=1\times2^5+1\times2^4+1\times2^3+0\times2^2+0\times2^1+1\times2^0$이다. 따라서 십진법으로 표기된 57을 이진법으로 표기하면 111001이 되는 것이다.

상자글 1 십진법 표기를 이진법 표기로 바꾸는 방법

이진법에서는 지금 본 것처럼 0과 1 오직 두 가지 숫자만을 사용한다. 따라서 예를 들어 1은 yes, 0은 no를 의미하는 것으로 해석할 수도 있다. 또 1을 〈있다〉, 0을 〈없다〉로 해석할 수도 있다. 나아가서 전기회로에서 1은 〈on〉, 0은 〈off〉으로 해석할 수도 있다(0과 1을 맞바꿔도 상관없다).

그런데 컴퓨터를 전자계산기라고도 하는 것에서 짐작할 수 있듯이, 컴퓨터는 〈켜졌다 on〉, 〈꺼졌다 off〉 하는 수많은 전자회로로 구성되어 있으며, 이것을 이용해 계산을 한다. 여기까지 이야기를 했으면 컴퓨터에서 이진법을 사용하는 이유에 대해서 다시 설명할 필요가 없을 것으로 생각되는데 나만의 짧은 생각일까?

또 사족 같지만, 컴퓨터에는 십진법 표기를 이진법 표기로 고치고, 반대로 이진법 표기를 십진법 표기로 〈자동〉으로 바꾸는 장치가 있다.

이로써 이진법에 대한 이야기는 끝났다. 이진법에서는 0과 1만 있으면 되는 만큼 0이 얼마나 중요한 숫자인지를 새삼 드러내고 있다고 할 수 있지 않을까?

20

주판 이야기를 하다가 이야기가 컴퓨터와 이진법까지 나아갔는데, 아무튼 이제까지의 이야기를 통해, 중세에 계산을 한다는 게 얼마나 어려운 일이었는지를 알게 되었을 것이다. 실제로 중세에는 곱셈이나 나눗셈을 완전하게 할 수 있는 사람은 한 도시에도 몇 명밖에 없었으며, 할 수 있는 사람은 대단한 학자로 존경받았다.

계산뿐만이 아니라, 수학의 다른 부문에서도 아라비아의

수학이 잘 소화될 때까지 중세 유럽은 그저 침체의 길을 더듬었다. 그러나 수학이 다른 학문과 견주어 볼 때 종교의 권위에 의해 왜곡되는 면이 적었던 것은 그나마 다행이었다.

종교에 의한 왜곡의 예를 들어 보자. 당시에는 남자 갈비뼈의 수가 여자보다 하나 적다는 것이 의학적 정설이었다. 이렇게 너무나 잘못된 〈학문적〉인 정설의 근거는 단지 신이 아담의 갈비뼈를 하나 떼어 내서 이브를 만들었다는 성서의 기록뿐이었다. 즉, 성서의 권위 앞에서는 손으로 짚어서 세어 보기만 해도 바로 알 수 있는 간단한 사실까지도 문제가 될 수 없는, 아니 문제로 삼는 것조차 금지되었던 시대였다.

인도 기수법이 유럽에서 일반적으로 보급되기 시작한 시대는 이런 종교의 압박에서 사람들의 정신이 해방되어 여러 학문과 예술이 부흥하기 시작한 때와 시기적으로 일치하고 있다. 그런데 종교에서 해방된 새로운 시대가 도래할 수 있게 만든 계기 가운데 하나는 야릇하게도 성지 회복이라는 열렬한 종교적 목표를 내건 십자군 전쟁이었다.

21

예로부터 이어져 온 기독교도의 성지 순례는 11세기에 발흥한 셀주크튀르크족의 팔레스타인 점령으로 갑자기 그 길이

막혀 버렸다. 이에 대항해서 11세기 말에서 13세기 말에 이르는 200년 동안에 걸쳐 몇 차례나 시도된 십자군 원정은 일시적으로는 성공했으나 종국에 가서는 성지 회복을 달성하지 못했다. 그러나 이 전쟁은 자연스럽게 바다와 육지의 교통 발달을 촉진하여, 베니스나 제노바 같은 교통의 요충지에 위치한 이탈리아 여러 도시의 융성을 가져왔고, 그 이전까지보다 더욱 활발하게 동방의 지식이 유럽으로 유입되는 계기를 만들었다.

피사의 사탑으로 유명한, 아르노 하구(河口)에 있는 피사도 이런 신흥 상업 도시 가운데 하나였다. 수학사에서 피사의 레오나르도로 알려진 레오나르도 피보나치는, 피사의 전성시대였던 12세기 후반에 상인의 아들로 태어났다. 어렸을 때 아버지와 함께 북아프리카의 항구 도시인 부지(현재 알제리의 베자이아)로 옮겨가 그곳의 이슬람 학교에서 공부했다. 자라면서 이집트, 시리아, 그리스, 시칠리아 등 각지로 유학하며 상인, 학자들과 교분을 쌓았기 때문에 당대의 다양한 기수법을 사용해 볼 수 있었다. 이런 비교 연구의 성과이겠지만, 피보나치는 피사로 돌아와서 1202년에 『주판서 *Liber Abaci*』라는 제목의 책을 하나 펴내, 인도 기수법과 이것을 사용한 상업적인 계산 기술을 처음으로 이탈리아에 체계적으로 소개했다.

이 책은 그후 2세기 동안 이 방면에서 가장 권위 있는 책으로서 비교적 널리 세상에 보급되었다. 그러나 널리 보급되었다고는 하지만 인쇄술이 발명되기 전이었던 당시 사정을 생각해 보면, 이 책이 처음 보급된 정도를 추측할 수 있다. 특히 당시의 상인들이 읽기에 이 책은 지나치게 수준이 높았다. 또 보수적인 대학으로부터도 냉대를 받았다. 새롭고 우수한 것이 으레 거치는 길을 이 책도 걸어야 했다. 인도 기수법이 일반에게 보급되기까지는 상당한 세월이 흘러야 했다.

이런 사정을 생각해 보면, 피보나치의 시대보다 약 1세기 전인 12세기 초에 발간된 어느 문헌에 로마 숫자를 사용한 자리잡기 기수법이 기록되었다는 것은 흥미로운 일이다. 이 문헌에서 0은 O 또는 그리스 문자 τ로 표시되어 있다. 예를 들어 1,089는 I.O.VIII.IX로, 1,200은 I.II.τ.τ로 표기되어 있다. 이것은 근대 일본에서 이런 수를 나타낼 때 자주 한자를 써서 각각 一〇八九, 또는 一二〇〇이라 적는 것과 비슷한 것 같은데 이런 로마식과 인도식의 혼혈아는 결국 긴 생명을 유지하지 못하고 사라져 버렸다.

22

13세기의 세기말이 다가오면서 이탈리아의 여러 도시에서 인도 기수법이 차츰 일상적으로 쓰이기 시작했다. 우리는 그 증거를 1299년에 발표된 피렌체 정부의 포고문에서 찾아볼 수 있다.

기름진 아르노 강 유역을 끼고 있던 아름다운 도시 피렌체는, 십자군과 그 밖의 영향으로 유럽의 상업이 활발해지면서 더욱더 번영을 구가했다. 13세기에는 유럽의 산업 및 금융의 중심이 될 만큼 성장했다. 피렌체에서 은행을 연 가문이 당시에 스물둘이나 있었다는 사실만으로도 그 도시의 영화(榮華)를 짐작할 수 있다. 13세기가 끝날 무렵부터 이런 은행업자들 중에서 인도 기수법을 사용해 장부에 숫자를 기록하는 사람이 생기기 시작했다. 앞서 말한 피렌체 정부의 포고문은 다름 아닌 새로운 숫자의 사용을 금지하려는 것이었다.

인도 기수법을 금지한 예는 피렌체만이 아니라 이탈리아의 다른 도시들에서도 찾아볼 수 있다. 어쩌면 단순하게, 새로 들어온 이교도 숫자에 대한 반감 때문이라고 생각할 수도 있지만, 대부분의 경우, 이 새로운 숫자의 모양이 일정하지 않아서 생길 혼란이나 잘못을 염려해서 이것을 막으려고 했던 것이다. 실제로 〈그림 2〉를 보면 알 수 있듯이 산용 숫자의 모양이 그 당시까지는 매우 다양했다. 인쇄술이 발명되기 전이어서 책이라고 해봐야 필사한 것이 전부였고, 지식은 주로 입에서 입으로 전해지던 때였기 때문에 이런 사정 또한 어쩔 수 없는 일이었을 것이다.

그러나 이러한 규제에도 불구하고 인도 기수법은 급속히 확산되었고 대중에게 널리 보급되었다. 미국 금주법의 예에서 보듯이 규제에 대한 반작용으로 오히려 그 보급이 촉진되었다는 면도 한 가지 이유로 생각해 볼 수 있지만, 그보다는 실제로 숫자를 다루는 상인이나 은행가들(부르주아 계급)의 사회적인 영향력이 증가한 탓에 이런 금지 포고문 한두 줄로는 대세를 오랫동안 막을 수 없었다고 보는 게 타당하다. 이 점은, 수론(數論)과 계산 기술이 엄격하게 구별되어 있었고, 후자 같은 것은 저속한 기술이라 지혜로운 사람이라면 가까이 할 것이 못 되는 것으로 여겼던 그리스의 사정과는 상당한 차이가 있다.

23

인쇄술의 발명이 문화사에 있어서 획기적인 사건임은 새삼스레 말할 것도 못 된다. 구텐베르크가 처음으로 성서를 인쇄한 때로부터 불과 50년밖에 지나지 않은 15세기 말까지 유럽의 여러 나라에서 인쇄되고 출판된 책이 2만 종 이상이었다는 사실은, 이 발명이 지식의 보급에 얼마나 큰 공헌을 했는지 잘 말해 준다. 인도 기수법도 이런 시대적 흐름을 타고 달력 등의 형태로 인쇄돼 유럽 각지로 퍼져 나갔다. 산용 숫자가 거의 요새 것과 같은 일정한 모양을 갖추게 된 것도 이 무렵의 일인 듯하다.

그러나 인도 기수법이 이 무렵부터 세력을 확장하게 된 것은 단순히 인쇄물이라고 하는 새로운 매체의 등장 같은 외적인 이유에서만은 아니었다. 오늘날 우리가 쓰는 곱셈이나 나눗셈이 고안되고, 인도 기수법에 따른 계산 방법이 완성된 것이 대략 15세기경이라는 사실을 알아야 한다. 이렇게 이전까지의 주판을 이용한 난삽한 계산을 대체하는 새로운 계산 방법이 도입된 시기를 전후해서 인쇄술이 발명되었던 것은 역사적인 우연, 아니 행운이라고 할 수 있다. 이것은 주판이 고도로 발달했던 일본에서는 메이지 시대(1867-1912년) 초기에 서양 계산 기술이 들어온 이래 1세기가 넘게 경과한 지금까지도, 그간의 인쇄술의 발달에도 불구하고 주판이 아직도 널리 애용되고 있는 사실과 비교해 보면 그 의미가 한층 명백해질 것이다.

그건 그렇고, 인쇄나 필산이나 다른 어떤 것이나 그 보급과 발달을 위해서는 아무래도 값싼 종이가 넉넉히 공급돼야 한다. 이렇게 종이가 우리가 다루는 문제와 관련되어 중요성을 가지고 있는 이상, 여기서 지면을 다소 쪼개어 종이의 연혁에 대해서 약간 언급하는 것이 종이를 낭비하는 괜한 짓은 아닐 것 같다.

24

종이의 연혁을 이야기할 때 사람들은 으레 파피루스와 양피지를 거론한다.

파피루스는 원래 나일 강의 삼각주에서 자라는 갈대를 부르는 이름이었다. 이것을 사용해서 글씨 쓰는 재료로 만든 것은 기원전 3000년경부터라고 한다. 이 파피루스가 이탈리아로 건너온 게 언제쯤인지 명확하지 않으나 이미 기원전부터 로마 제국의 서적이나 공문서에 파피루스가 사용되었다.

2세기가 되면서 파피루스와 함께 양피지가 이탈리아에 유입되기 시작했다. 전설에 따르면 양피지는 페르가몬(소아시아)의 왕 에우메네스 2세(기원전 197-158년)가 파피루스의 수입이 단절되었을 때 만들었다고 한다. 그 진위 여부는 제쳐두자. 아무튼 양피지는 유럽에서 점차적으로 파피루스를 대체해 나갔다. 이렇게 된 한 가지 이유는 이집트의 특산물인 파피루스와 달리 양피지의 원료는 유럽 어디에서나 얻을 수 있었기 때문이었을 것이다. 하지만 양피지도 값이 비싸기는 파피루스나 매한가지였고, 이런 값비싼 것을 오늘날 우리가 종이를 쓰는 것처럼 일상용으로 아무렇지도 않게 흔하게 쓴다는 것은 어림없는 일이었다.

오늘날 우리가 쓰고 있는 종이는 파피루스나 양피지와는 달리 중국에서 발명되었다. 『후한서(後漢書)』에 따르면 종이의 발명자는 후한 화제(和帝) 때(100년경) 사람인 채륜(蔡倫)이라고 한다. 하지만 가죽나무 껍질이나 솜을 이용해서 종이를 만드는 기술은 그 이전부터 알려져 있었던 것 같다. 이 제지술이 고구려의 중 담징에 의해서 일본에 전해진 것은 스이코[推古] 천황 때(610년경)였지만, 이 제지술이 서양으로 퍼진 것은 이보다 훨씬 뒤의 일이었다. 이 종이의 전래 과정에도 인도 기수법이 서양으로 건너갈 때처럼 아라비아인이 등장하는데, 재미있는 일이 아닐 수 없다.

당(唐)나라 때 중국의 세력은 천산(天山) 산맥의 남쪽에서부터 투르키스탄에까지 이르렀다. 당나라는 751년에 사마르칸드를 공략했다. 8세기 초부터 이곳을 점령하고 있었던 아라비아인들은 오랜 전투 끝에 마침내 당의 군대를 격퇴했다. 그때 아라비아인에게 포로가 된 중국인 중에 제지 기술을 가진 사람이 있어서 그 기술이 아라비아로 전해졌고, 얼마 안 있어 사라센 제국 여러 곳에서 제지업이 크게 번성했다. 종이에 붓으로 쓴 9세기경의 아라비아 책이 오늘날까지도 많이 남아 있는 것은 그 당시 제지업이 얼마나 번성했었는지를 말해 주는 증거일 것이다.

유럽 최초의 제지 공장들은 11세기 스페인의 톨레도나 발렌시아 등지에 건설되었지만, 이러한 종이 제작의 전통은 나중에 이슬람 세력의 스페인 철수와 함께 크게 발전하지 못하고 단절되었다. 이에 반해 십자군이 소아시아 방면에서 가지고 돌아온 제지 기술을 바탕으로 파브리아노에서 처음으로 시작된 이탈리아의 제지업은 종이 수요의 증가와 함께 번성했다.

제지 공장이 유럽의 다른 나라에서도 세워진 것은 이탈리아보다 한참 뒤의 일이다. 독일은 14세기 중엽에, 영국은 15세기 말에 제지 공장이 건설되었다. 그래서 한때는 유럽 전체에서 쓰이는 종이를 이탈리아가 공급한 시대도 있었다. 이러한 제지업 발달과 이탈리아에서 주판이 모습을 감춘 것은 15세기의 일이었고, 영국이나 독일에서는 훨씬 늦게 17세기 중엽에 주판이 모습을 감추었다는 사실을 관련지어 생각하면, 종이 보급과 필산의 보급 사이에 어떤 상관관계가 있다고 생각해 볼 수도 있다. 이렇게 이탈리아가 유럽에서 필산을 가장 먼저 시작할 수 있었다고 해서, 필산이 다른 나라들에 전해지지 않은 것은 아니다. 예를 들어 영국에서는 14세기에 이미 필산으로 계산하는 요령을 담은 책이 나와 있었다.

영국에서 종잇값이 어떻게 변했는지를 더듬어 보면 아주 재미있는 사실을 발견할 수 있다. 영국의 경우, 14세기에서 16세기 전반까지는 종잇값이 대략적으로 하락하는 추세를 보였지만, 16세기 후반부터는 다른 물가들과 함께 종잇값도 올라가는 경향을 보였다. 그러나 그 즈음 종이의 소매가와 도매

가의 비율을 보면 앞 시대보다 이윤이 높다는 것을 알 수 있다. 이것은 16세기 후반부터 종이 사용이 일반화되면서 소비량이 증가했음을 의미한다. 그때부터 한참 뒤인 17세기에 이르러서야 주판이 영국에서 모습을 감추기 시작한 것은 반드시 우연이라고 말할 수 없을 것 같다. 즉, 필산이 이미 알려져 있었지만 종이가 충분하게 공급된 후에야 겨우 필산이 보급될 수 있었던 것이다. 그러고 보면, 인도 기수법이 이탈리아로 전해지고, 이어 피사의 레오나르도 피보나치가 『주판서』를 세상에 내놓은 뒤에도, 이탈리아에서 인도 기수법이 보급되고 확산되기까지 오랜 세월이 필요했던 것도, 위에서 말한 것처럼 종이의 보급과 연관시켜 설명할 수 있다.

당시의 종이 생산량이나 필산의 보급 상황 등에 대한 보다 자세한 자료를 얻을 수 있으면 이 연관성을 좀더 자세하게 살펴볼 수 있을 것 같지만, 필자의 손이 미치는 범위 안에서는 감히 엄두가 안 나는 일이라서 안타깝다. 사족 같지만, 오늘날의 흑연을 사용하는 연필이 처음으로 만들어진 것도 16세기 영국에서였다는 것을 참고삼아 덧붙여 둔다.

25

자리잡기 기수법은 16세기 말에 이르러 소수(小數) 표기법의 발명으로 마침내 완성 단계에 접어들었다.

요즘 학교에서 정수 다음에 소수를 가르치고, 그 다음에야 분수를 가르치는 매우 현명한 방침을 채택하고 있는 것 같은데, 역사적인 순서는 오히려 반대였다. 소수가 비교적 근세에 발명된 것과 달리, 분수는 멀리 이집트와 그리스가 번영했던 시대에도 널리 알려져 있었다. 이것은 학문 발전의 역사적 순서와 학문을 가르치는 교육적 순서가 일치하지 않는 사례 중 하나이지만, 이제까지 말해 온 기수법의 역사를 되돌아보면 별로 이상할 것이 없는 현상임을 바로 알아차릴 수 있을 것이다.

실제로 소수의 싹은 이미 15세기에 등장했다. 그런데 일단 이 책에서는 소수가 의도적으로 도입되어 일반에 보급되기까지의 경위에 대한 역사적 설명에서 벗어나, 소수에 관한 지식을 독자와 함께 조금 복습하는 것으로 만족하고 싶다.

우선, 분수에 대한 지식이 있는 사람이 볼 때, 일반적인 소수(유한소수)는, 모두 분수를 간략하게 적은 것에 불과하다. 예를 들어 0.25는 $\frac{2}{10} + \frac{5}{100}$를 간략하게 적은 것이다. 이것을 더한 다음 분자와 분모를 약분하면 $\frac{1}{4}$이 된다는 것은 설명할 필요도 없다(이 점은 25가 $2 \times 10 + 5$를 의미하는 것과 꼭 같다). 또 역으로 $\frac{1}{4}$이 있을 때 이것을 0.25라는 소수의 꼴로 바꾸는 요령도 나눗셈의 한 응용이다. 우선 분자 1을 10배 한

10을 분모 4로 나누고 몫 2와 나머지 2를 얻게 되며, 이 나머지 2를 10배 한 20을 4로 나누면 나눠떨어져서 몫이 5가 되는 것에서 0.25를 얻을 수 있다는 것은 독자들도 이미 잘 알고 있을 터이다.

그런데 이번에는, 예를 들어서 $\frac{1}{3}$을 지금과 같은 요령으로 소수로 바꿔 보면 앞의 $\frac{1}{4}$과는 달리 그렇게 간단하게 되지 않는다. 분자의 1을 10배 해서 3으로 나누면 몫은 3이고 나머지는 1이 된다. 이 나머지 1을 다시 10배 해서 3으로 나누면 여전히 몫은 3이고 나머지는 1이 된다. 이렇게 언제까지 셈을 계속해도 나눠떨어지지 않는다. 따라서 $\frac{1}{3}$을 소수로 나타내면,

$$0.3333\cdots$$

의 꼴로 나타낼 수밖에 없다. 여기서 〈⋯〉라 한 것은 3이라는 숫자가 끝없이 계속된다는 것을 나타낸다. 이렇게 소수점 아래로 끝없이 숫자가 이어지는 소수를 〈무한소수(無限小數)〉라고 한다.

26

이렇게 무한소수를 인정하면, $\frac{1}{4}$이나 $\frac{1}{3}$ 등의 경우와 같

은 요령으로 모든 분수를 소수로 바꿔 적을 수 있으므로 분수와 소수의 연관 문제를 일단 완전히 해결한 것처럼 보인다. 그러나 이것으로 이야기가 끝났다고 생각하는 것은 성급한 일이다. 도대체 무한소수란 무엇이냐는 문제가 아직 남아 있기 때문이다. 이것을 위에서 말한 것처럼 〈무한소수는 분수를 소수로 바꾸기 위해 나눗셈을 할 때, 아무리 나누어도 끝없이 되풀이되는 나눗셈의 몫을 소수점 오른쪽에 차례로 적어 놓은 것에 불과하다〉고 말해 버리면 이야기는 더없이 간단해지지만, 과연 무한소수의 의미를 제대로 설명했다고 할 수 있을까? 적어도 0.25는 $\frac{2}{10} + \frac{5}{100}$ 를 간략하게 적은 것이라는 정도의 설명으로 끝내 버릴 수는 없다.

그것만이 아니다. 우리는,

$$0.9999\cdots$$

처럼 9가 계속되는 무한소수는 1을 표현하는 것($0.3333\cdots \times 3 = 0.9999\cdots = \frac{1}{3} \times 3 = 1$)이라고 배우지만, 이 경우 1은 분수가 아니므로 앞서 이야기했던 $\frac{1}{3}$의 경우처럼 반복된 나눗셈의 몫을 차례로 적어 내려가면 무한소수를 얻을 수 있다는 식의 설명이 적용되지 않을 것이 명백하다. 그리고 원주율(보통 그리스 문자 π로 표시한다)이

3.14159…

라는 무한소수라고 할 때, 이것은 나눗셈 정도로 쉽게 끝날 수 있는 문제가 아니다. 원주율은 〈분수로 나타낼 수 없는 수〉인 것이다. 이 경우 〈…〉은 $\frac{1}{3}$의 경우와는 달리 같은 숫자가 무한정 반복되는 것을 의미하지 않고, 임의의 어떤 숫자들이 무한정 계속된다는 것을 표시한다.

여담이지만 수학자 중에는 한가한 사람도 있어서 이 수를 소수점 이하 707자리까지 계산한 사람이 있었다(1873년의 일이다). 그러나 1946년에 이 계산의 528번째 자리가 틀렸다는 것이 밝혀졌다. 얼마 전에 컴퓨터를 이용하여, 이 수를 10만 자리까지 계산했는데 이 계산을 하는 데 걸린 시간은 8시간 43분이었다고 한다. 컴퓨터를 사용하면 10만 자리는 물론 이보다 더 큰 자리도 얼마든지 더 계산할 수 있지만, 예를 들어 1,000조번째 자리의 숫자가 얼마인지는 지금으로서는 신만이 알고 있을 듯싶다.

분수로 나타낼 수 없는 무한소수가 있기 때문에, 우리는 분수를 소수로 고치는 일과는 별도로, 무한소수를 다시 정의해야 한다. 그러자면 앞서의 유한소수의 경우처럼 예를 들어서 무한소수

0.9999…

는 분수로 표현된 무한급수의 합

$$\frac{9}{10}+\frac{9}{100}+\frac{9}{1000}+\frac{9}{10000}+\cdots$$

를 간략하게 적은 것이라고 정의하는 게 가장 자연스런 방법이다. 위의 수식에서 〈…〉은 $\frac{9}{10000}$ 다음에는 $\frac{9}{100000}$ 를 더하고 그 다음에는 $\frac{9}{1000000}$ 를 더해 가는 절차를 한없이 계속한다는 것을 간단히 나타낸 것으로 보면 된다. 이러고 보면, 이것은 초항 a가 $\frac{9}{10}$이고 공비 r이 $\frac{1}{10}$인 무한등비급수가 되며, 이 두 값을 무한등비급수의 합을 나타내는 공식 $\frac{a}{1-r}$에 각각의 값을 대입하면 그 결과가 1임을 바로 알 수 있다. 다른 무한소수도 이렇게 해석할 수 있다. 무한소수를 무한급수로 해석했을 때 그 무한급수의 합이 그 무한소수의 값이다.

27

이처럼 무한급수라는 개념으로 무한소수를 설명하려다 보니 이번에는 어쩔 수 없이 〈무한급수의 합〉이란 무엇이냐는 문제가 나온다. 우리는 유한개의 수의 덧셈에서 흔히 사용하는 〈합〉이라는 말에 익숙해져 있어서, 무한급수의 합이라고 하면, 자칫 〈합〉이라는 말의 함정에 빠져 이것으로 모든 것을 다 안 것 같은 속단에 빠질 위험이 크다. 그러나 무한급수의 합이라고 할 때의 〈합〉은 단순히 빌려 온 말에 불과하다는 것을 알아야 한다.

다소 곁길로 빠지지만, 예를 들어 〈역(驛)〉이라는 말을 생각해 보자. 이 말은 원래 나그네를 위해서 사람이나 말을 교대해 주고, 잠자리나 음식이나 말의 먹이를 제공하는 시설을 의미했다. 그것이 요새는 기차가 정차하고, 승객이 내리거나 타고, 화물을 내리거나 실을 수 있게 해주는 정거장을 의미하는 말로 전용(轉用)되어 있다.

〈합〉이라는 말도 이것과 비슷하다. 원래 유한개의 수를 더하는 경우에만 적용되어야 마땅한 말이었던 합을 무한급수의 경우에도 전용하고 있는 것이다. 다만 〈역〉의 경우와는 달리 역사적인 변천에 따랐다기보다는, 의식적으로 〈합〉이라는 용어의 의미를 확장해서 유한개의 수의 합을 기반으로 무한급수의 합을 새롭게 정의했다고 보는 게 타당하다.

무한소수를 이해하려면 여기서 다시 무한급수의 합이란 무엇인가를 꼭 정의해야만 한다. 앞 절의 끝부분에서 아무 생각 없이 무한등비급수의 합을 구하는 공식을 사용했으나 사실은 이 공식도 먼저 무한급수의 합이라는 것을 제대로 이해한 다음에야 유도할 수 있다.

무한급수의 합처럼 〈무한을 계산하는 것〉 자체가 사실은 근대 해석학의 영역에 한발을 들여 놓은 것이며, 이것을 세밀히 논하는 것은 이 책에서 다룰 수 있는 범위를 벗어난다. 하지만 여기서는 앞서 나온 무한급수의 합의 공식을 이용하지 않고 27절의 무한급수의 합이 1이라는 것의 의미를 대충이나마 설명해 보고자 한다.

지금 이 무한급수에서 초항, 초항과 제2항의 합, 초항에서 제3항까지의 합, 초항에서 제4항까지의 합 하는 식으로 계속 이런 〈부분합(部分合)〉을 한없이 계산해 가고, 이것을 차례대로 늘어놓으면,

$$0.9, 0.99, 0.999, 0.9999, \cdots$$

라는 수열이 생긴다. 그런데 1과 이 수열 각항의 차를 순서대로 배열해 보면, 여기 또,

$$0.1, 0.01, 0.001, 0.0001, \cdots$$

이라는 수열이 만들어진다. 이 수열의 값이, 항이 증가하면 증가할수록 0에 가까워진다는 것을 바로 알 수 있다. 이것은 0.9로 시작한 수열에 속하는 값들이 앞으로 나아가면 갈수록 1에 가까워진다는 것을 보여준다. 우리가 말하는 무한급수의 합이 1이라는 것은 바로 이런 사실을 의미하는 것이다. 여러분이 귀찮게 여기지 말고 교과서를 펴본다면 무한등비급수의 합의 공식을 유도할 때 이런 아이디어를 이용하고 있음을 알

수 있을 것이다.

28

무한급수의 합의 의미를 위와 같이 정의하면 바로 떠오르는 의문은, 무한급수는 항상 〈합〉을 갖는가 하는 것이다. 실제로 무한급수 중에는 합이 없는 경우가 얼마든지 있다. 아니, 합이 있는 무한급수는 무한급수 중에서도 예외적인 경우라고 말하는 게 더 적당하다. 유한수열의 합이 늘 답을 갖는 것과는 아주 다르다.

예를 들어서 지금

$$1+(-1)+1+(-1)+\cdots$$

처럼 서로 번갈아 가며 1과 −1이 나오는 무한급수를 생각해 보자. 이 무한급수의 부분합의 수열을 만들어 보면,

$$1, 0, 1, 0, 1, \cdots$$

이 되는데 이렇게 언제까지나 1과 0이 서로 번갈아 가며 나오는 수열은 어떤 수로도 수렴하지 않는다는 것을 한눈에 알 수 있다. 즉, 이 무한급수는 합이 없는 무한급수의 간단한 보기인 것이다.

무한급수의 이론이 엄밀하게 정리된 것은 그리 오래된 일이 아니다. 18세기 초에는 상당한 실력을 가진 수학자 중에도 무한급수에 관해서 아주 어설픈 생각을 갖고 있는 사람이 많았다. 바로 앞에서 예로 든 무한급수를

$$(1-1)+(1-1)+(1-1)+\cdots$$

하는 식으로 괄호로 묶으면

$$0+0+0+0+\cdots$$

이 되므로, 이 급수의 부분합의 수열은

$$0, 0, 0, 0, \cdots$$

이 되므로 이 무한급수의 합은 0이 된다. 그러나 같은 무한급수를

$$1+(-1+1)+(-1+1)+\cdots$$

로 보면, 이 무한급수는 앞의 것과는 달리

$$1+0+0+\cdots$$

이 되므로 부분합의 수열은

1, 1, 1, …

이 되어서 무한급수의 합은 1이 된다. 이처럼 합이 0인 무한급수를 다르게 쓰면 합이 1인 무한급수가 될 수 있다고 생각한 수학자들 중에는, 이것이 수학적 오류라는 사실을 모른 채, 이 수열을 통해 만물이 무에서 만들어졌다는 말의 의미를 이해할 수 있다고 희열의 눈물을 흘린 사람도 있었다.

지금 생각하면 그저 웃긴 이야기일 뿐이지만 당사자는 무척 진지했을 것이다. 하긴 이런 일은 수학에서뿐만이 아니라 다른 분야에서도 있을 수 있는 일이다. 그리고 또 옛날에나 있었던 일이라고 웃어넘길 수만도 없다.

29

앞서 말한 것처럼 합이 없는 무한급수가 있다는 것은, 무한소수를 정의하는 데 문제가 있음을 의미한다. 왜냐하면 무한소수도 무한급수의 한 종류이기 때문이다. 예를 들어 여기 어떤 무한소수가 있다 치고, 이것이 나타내는 수가 실제로 존재하느냐, 바꿔 말해서 이 무한소수를 무한급수로 나타냈을 때 과연 그 무한급수의 합에 해당하는 수가 존재하느냐, 다시 한번 더 바꿔 말하면 그 무한급수의 부분합의 수열이 〈어떻게든 수렴해 가는〉 일정한 수가 항상 존재하느냐는 문제를 반드시 해결해야만 한다.

예를 들어서 원주율 π를 나타내는 무한소수를 생각해 보자.

$3.14159\cdots$

라는 무한소수는 원주율 π를 나타낸다. 즉,

$3.1, 3.14, 3.141, 3.1415, 3.14159, \cdots$

라는 수열이 π에 아주 가까이 다가간다는 것인데 앞에서도 잠깐 언급했듯이 π는 정수도 아니고 분수도 아니다. 그러고 보면 이 경우 이 수열이 π에 다가간다고는 하지만, 수열의 값이 다가가는 끝은 우리가 이제껏 알고 있던 정수나 분수의 영역 밖에 있다. 정수나 분수 중에서는 이 수열과 가까운 수를 아무리 찾아봐도 찾을 수 없다.

이 경우에는 그나마 π가 원의 둘레와 그 지름의 비율이라는 분명한 근거를 가지고 있지만, 아무런 근거도 없는 임의의 무한소수를 하나 가져왔을 때 이에 해당하는 정수나 분수가 없다면 이것을 어떻게 해석해야 할까? 선택할 수 있는 길은 오직 둘뿐이다. 하나는 정수도 분수도 아닌 괘씸한 무한소수는 아예 무시해 버리는 것, 아니면 이 무한소수로 수열을 만들었을 때 이것이 무한정 다가갈 수 있는 끝이 있도록 정수나 분수 이외의 새로운 〈수〉를 창조해 수의 세계를 확장하는 것,

두 길 가운데 어느 하나를 택할 수밖에 없다.

전자의 길을 택하게 되면 당연히 원주율 π 같은 것은 수로 인정하지 말아야 하며, 수학의 울타리 밖으로 내쫓아야 한다. 이런 사정을 고려한 수학자들은 후자의 길을 택했다. 정수나 분수 외에도 무한소수라는 수가 존재한다고 생각하기로 한 것이다. 그래서 정수나 분수를 묶어서 〈유리수〉라고 부르고, 유리수가 아닌 무한소수를 〈무리수〉라고 부르게 되었다. π 같은 것은 무리수 중의 하나이다. 또 이 유리수와 무리수를 합쳐 실수(實數)라고 부르게 되었다.

30

유리수인 무한소수와 무리수인 무한소수를 구별하는 것은 비교적 간단한 일이다.

앞에서도 말했듯이 $\frac{1}{3}$ 은

0.3333…

이다. 이처럼 3이라는 숫자가 반복해서 나오는 것을 〈순환(循環)무한소수〉라고 부른다. 이것은 무한소수로 표현되는 모든 분수에 대해서 성립된다. 가령 $\frac{5}{7}$ 를 무한소수로 나타내면

0.714285714285714285…

가 된다. 이 소수를 잘 보면 714285라는 숫자가 한없이 되풀이된다(나눗셈을 이용해 분수를 소수로 고칠 때 나오는 나머지는 언제나 분모보다 작다. 따라서 나눗셈을 아무리 해도 나누어 떨어지지 않을 때는 언젠가 같은 나머지가 다시 나온다. 따라서 분수로 나타낼 수 있는 무한소수는 반드시 순환무한소수인 것을 알 수 있다).

분수 중에는 $\frac{1}{4}$이 0.25로 표시되는 것처럼 유한소수인 경우도 많지만, 이런 유한소수도 순환무한소수의 꼴로 나타낼 수 있다. 예를 들어 0.25를

0.249999…

의 꼴로 바꿔 적을 수 있다. 또 정수 역시 순환무한소수의 꼴로 나타낼 수 있다. 예를 들어 3을 앞의 1처럼

2.9999…

로 나타낼 수 있다. 이상의 이야기를 종합하면 모든 유리수는 순환무한소수의 꼴로 나타낼 수 있다.

그런데 무한등비급수의 합의 공식을 사용하면 바로 알 수 있는 일이지만, 지금 말한 명제의 역도 성립한다. 순환무한소

수로 나타낼 수 있는 수는 유리수뿐이다. 그러면 유리수와 무리수를, 유리수는 순환무한소수로 나타낼 수 있는 수이고 무리수는 순환하지 않는 무한소수로 나타낼 수 있는 수라고 간단하게 구별할 수 있게 된다. 예를 들어 π를 나타내는 무한소수는 순환하지 않는 무한소수인 무리수이다.

이렇게 무한소수에 대해서는 꽤 자세하게 설명했으나 실제 계산에서 무한소수를 그대로 사용하는 일은 거의 없다. 물리학이나 천문학 같은 소위 정밀 과학에서도 소수점 아래 일곱 번째 자리까지 정확하게 측정하는 것은 꽤나 정밀하게 측정하는 경우에나 하는 일이다. 보통은 소수점 아래 네번째 자리 정도에서 그친다. 또 이런 측정이라는 문제를 떠나서 수학의 경우에도, 예를 들어서 순환무한소수처럼 다음에 나올 숫자가 무엇인지 알고 있는 경우라면 몰라도 그렇지 않은 경우에는 무한소수를 그대로 쓸래야 쓸 수 없다는 것은 말할 필요도 없으리라. 따라서 무한소수라고는 해도 실제는 적당한 자리까지만 계산하고 그 이하는 반올림해 유한소수로 고쳐서 사용한다. 원주율 같은 무한소수도 일상적인 계산에서는 3.14라는 근사값으로 고쳐 쓰고 있다.

이렇게 말하면, 그렇다면 왜 애써 소수 같은 것을 고안해 냈느냐는 의문이 자연스럽게 생길 법도 하다. 유한소수는 분수로 바로 고칠 수 있고 순환무한소수는 분수를 바꿔 쓴 것에

불과하다면 애써 소수란 것을 새롭게 도입할 필요가 없어 보일 것이다. 실제로

$$0.714285714285714285\cdots$$

라 쓰기보다는 $\frac{5}{7}$로 그냥 두는 것이 훨씬 간단해 보인다.

이런 질문에 대한 답은 여러 가지로 할 수 있는데, 그중의 하나는 수의 대소 비교가 간단해지는 장점이 있다는 것이다. 분수의 경우에 두 분수의 대소를 비교하자면 아무래도 그때마다 통분해야 하는 수고가 따르지만, 분수를 모두 소수로 바꿔 놓으면 소수 사이의 대소를 한 눈에 판정할 수 있다. 가령 $\frac{5}{7}$와 $\frac{28}{39}$ 중 어느쪽이 더 큰지 알려면 이것의 분자와 분모를 각각 $\frac{195}{273}$와 $\frac{196}{273}$으로 통분해야 한다. 또 $\frac{5}{7}$와 다른 분수의 대소를 비교하려면 또 이 분수와 $\frac{5}{7}$를 통분하는 수고를 면할 길이 없다. 그러나 $\frac{5}{7}$나 $\frac{28}{39}$을 각각 소수로 고쳐서

$$0.714285714285\cdots$$

$$0.717948717948\cdots$$

로 바꿔 놓으면 금방 후자가 크다는 것을 알 수 있다. 다른 임의의 소수를 가져와도 두 소수의 대소를 단번에 비교할 수 있다. 이것은 여러 수의 대소를 판정해야 할 경우에는 무시하지 못할 장점이다. 우리가 흔히 보는 야구의 타율 비교표 같은

것이 친숙한 예라고 할 수 있다.

또 덧셈이나 뺄셈의 경우 분수냐 소수냐에 따라 계산의 난이도가 달라지는 것도 그 이유라고 말할 수 있을 것이다. 다시 말해 이런 소수 표기법이 가진 장점도 실제론 자리잡기 기수법이 원래부터 가지고 있던 장점이 소수 표기법에서 나타난 것에 불과하다.

31

소수 표기법은, 자리잡기 기수법에서 위로만 뻗어 올라가게 내버려 두었던 자리를 이번에는 아래로도 한없이 뻗도록 허용하자는 것이다. 따라서 이 기법이 채용된 후에는 자리수가 많은 수를 다루는 경우가 전보다 많아진 것은 당연한 일이다. 특히 17세기 초에 갈릴레오가 망원경을 완성함에 따라 천체 관측이 보다 정밀해지자 이런 흐름도 더 빨라지게 되었다.

앞서 말했듯이, 자리잡기 기수법을 사용하는 필산이 15세기에 완성됨으로써 그때까지 주판으로 하던 곱셈과 나눗셈의 어려움이 일단 제거되었다. 그러나 이런 필산으로 하는 곱셈이나 나눗셈도 자리수가 많은 수를 다룰 때에는 많은 노력과 시간을 들여야 하는 문제를 어쩔 수 없었다. 이런 필산의 결함을 해결하기 위해서 17세기 초에 고안된 것이 네이피어

(1552-1617년)와 뷔르기(1552-1632년)의 〈로그〉였다.

로그의 정의에 대한 자세한 설명은 수학 교과서에 맡겨 두고, 여기서는 다만 어떤 한 정수에 대응하는 〈로그값〉이라는 실수가 하나뿐이라는 것만 말해 두겠다.

정수가 있을 때 그 로그를 어떻게 산출하는지에 대한 설명은 생략할 수밖에 없지만, 우리가 주로 사용하는 정수에 대해서는 그 로그값이 하나하나 계산되어 있고 이것을 표로 만든 여러 〈로그표〉가 출판되어 있다. 네이피어나 뷔르기는 처음으로 그 로그표를 제작한 사람들이다.

32

이제부터 로그를 써서 하는 계산을 설명하려고 하는데, 그러자면 우선 다음과 같은 로그의 성질을 알고 있어야 한다. 로그는, 두 정수를 곱한 것의 로그값은 두 정수의 로그값의 합이고 두 정수를 나눈 것의 로그값은 이 두 정수의 로그값의 차라는 성질을 갖고 있다. 이 성질을 계산에 어떻게 이용하는지 실례를 보면 쉽게 이해할 수 있을 것이다.

지금 365와 1.523의 곱을 계산해 보자. 우선 이 두 수의 로그값을 로그표에서 찾아보면 각기 2.5622929와 0.1826999이다. 이 두 로그값을 더하면 2.7449928이 된다. 이번에는 로그표로 돌아가서 이 로그값에 대응하는 양수를 찾아보면 555.895임을 바로 알 수 있다. 이것이 바로 구하고자 한 곱셈값이다(15절의 곱셈과 비교해 보라). 이렇게 로그표를 이용하면 곱셈 대신에 덧셈을 하고, 나눗셈 대신에 뺄셈을 하면 되므로 수고를 엄청나게 덜 수 있다.

로그표가 제작되고 얼마 지나지 않아서 로그를 이용한 계산자가 고안되었다. 이것이 현대의 우리가 쓰는 로그 계산자처럼 완성된 모양(〈그림 11〉 참조)을 갖추게 된 것은 19세기 중엽이었지만, 그 원리만은 17세기 초의 것과 별 차이가 없었다. 매우 간단하므로 여기서 잠깐 설명하겠다.

계산자를 만들려면 먼저 보통 자와 같은 나무판을 하나 준비한다. 그리고 그 한쪽 끝에 눈금 1을 매긴다. 다음으로 길이의 단위(예를 들어서 센티미터를 쓰기로 하자)를 정하고 눈금 1에서, 2의 로그값에 해당하는 거리인 점 즉 0.30103센티미터 떨어진 점에 눈금 2를 매기고, 3의 로그값에 해당되는 거

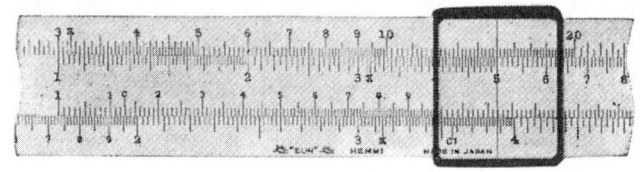

그림 11 로그 계산자

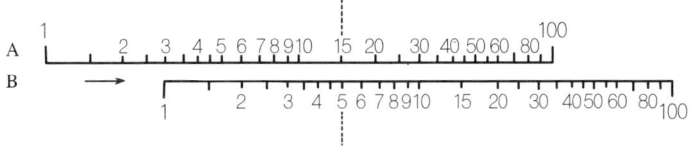

그림 12 로그 계산자를 이용한 실제 계산

리 즉 0.47712센티미터인 점에 눈금 3을 매기는 식으로 차례대로 4, 5, 6,… 하고 눈금을 매겨 나간다. 이 눈금이 〈로그눈금〉이다. 로그눈금을 매긴 판을 2개 마련해서 양쪽 눈금이 딱 맞게 나란히 붙여 놓으면 계산자가 완성된다.

이제 계산자의 사용법을 설명할 차례인데 원리를 설명하는 것이 목적이므로, 보기 삼아 아주 간단한 곱셈 $3 \times 5 = 15$를 계산자로 계산해 보자. 그러자면 한쪽 판(이것을 B라 하자)을 밀어서, 이 판의 눈금 1이 다른 한쪽 판(이것을 A라 하자)의 눈금 3과 일치하게 만든다. 이때 판 B의 눈금 5와 일치한 판 A의 눈금을 보면 우리가 구하던 답 15가 된다. 나눗셈은 곱셈의 역순이니까 설명할 필요도 없다. 또 앞에 말한 로그의 성질을 잘 이해하고 있으면 나눗셈과 곱셈이 계산자에 의해 간단하게 해결되는 원리를 이해할 수 있을 것이다.

33

 로그를 이용함으로써 계산이 간단해진 것은 자연과학의 발전에 실로 엄청난 영향을 미쳤다. 자연과학이 비합리적인 가설에서 연역되는 공론(空論)의 체계였던 상태에서 탈피하여 관찰과 측정을 중요시하는 실증적인 과학으로 성장해 간 것은 이 즈음부터였다. 케플러나 갈릴레오는 네이피어나 뷔르기와 거의 동시대 인물이었고, 〈나는 가설을 만들지 않는다!〉 하고 외친 뉴턴의 출현도 로그의 발견으로부터 그렇게 먼 시대의 일이 아니었다는 것도 기억해 둘 필요가 있다. 이전의 코페르니쿠스나 티코 브라헤 같은 천문학자들은 로그를 몰랐기 때문에 계산을 할 때 엄청난 고생을 할 수밖에 없었다.

 또 로그의 발견과 관련해서 유념해 둘 일은 네이피어는 스코틀랜드 사람이고 뷔르기는 스위스 사람으로, 두 사람 모두 이탈리아 사람이 아니었다는 것이다. 지금까지 말해 온 것처럼 근대 수학은 먼저 이탈리아에서 싹이 트고, 다른 여러 학문의 부흥과 함께 이탈리아에서 차츰 발달했다. 15세기경까지 이탈리아 이외의 지역에서 살고 있던 유럽인들은 수학에 대한 굵직한 공헌을 별로 할 수 없었다. 그러나 이런 경향도 16세기에 이르면서 차츰 변하기 시작했다. 17세기에 들어서면서 위대한 수학자들이 알프스 이북에서 배출되기 시작했다. 지금 말한 두 사람은 이런 흐름을 알리는 선구자였다고도 할 수 있다.

이런 경향은 비단 수학만의 일이 아니었다. 이탈리아의 르네상스 문화 그 자체가 15세기 말부터 급속히 쇠퇴하기 시작했다. 그 원인으로는 북부 이탈리아에서 로마에 걸친 지역에 대한 외국군의 침략을 들 수 있다. 또 한편으로는 셀주크튀르크가 지중해 동부로 가는 길을 막아 버려 동서간의 교통이 단절되었기 때문에 당시에 교통과 무역의 요충이었던 이탈리아의 여러 도시들이 쇠락의 길로 들어선 것도 요인으로 들 수 있을 것이다. 게다가 새로운 항로 개척에 따른 동방 무역의 확대와 신대륙에서의 식민지 경영은 마침내 이탈리아 이외의 유럽 여러 나라를 강성하게 만들었고, 학문과 예술의 중심이 알프스를 넘어서 북으로 이동하는 것을 촉진했다.

이탈리아 밖의 사람이 로그를 발견하게 된 사정에 대한 설명은 그만하자. 그런데 여기서 놓쳐서 안 될 것은 네이피어와 뷔르기가 거의 동시에 그리고 서로 왕래 없이 독립적으로 로그를 발명했다는 사실이다. 그러고 보면 로그표 제작 후 계산자를 고안한 것도 두 명의 영국인에 의해 각각 독립적으로 개발되었다. 게다가 그 시기도 거의 비슷해서, 나중에 누가 먼저 고안했느냐를 가지고 다투기도 했다.

이런 현상은 31절의 앞부분에서 말했듯이 당시의 여러 사정이 간편한 계산을 강력하게 요구한 데서 온 자연스러운 결과였다고 할 수 있다. 그렇다면 결국 유럽인이 0을 발견하지 못한 것은, 아라비아에서 새로운 기수법이 전래되기 전까지는 유럽인들이 그 필요를 감지하지 못했기 때문이라고 할 수 있지 않을까? 아니면 다르게 설명할 수도 있을까?

34

인도 기수법과 이것을 이용한 필산은 일본에서도 초등교육의 발달과 더불어 차츰 일반에게 보급되어, 이제 아라비아 숫자와 필산을 모르는 사람은 거의 없다고 할 수 있다. 그러나 주판이 발달한 일본에서는 일상적인 계산을 필산보다는 주판을 써서 하는 경우가 많았고, 오늘날에 이르기까지 아라비아 숫자가 맡은 역할은 주로 〈기록 숫자〉로서의 용도에 그쳤다고 해도 틀린 말이 아니다.

앞에서도 말했듯이 서유럽에서는 주판이 완전히 자취를 감추었으나 계산자는 그후 여러모로 개량되었다. 지금은 매우 편리한 것도 나와 있다. 특히 요새 일본에서 만들어지고 있는 계산자는 대나무를 이용해서 만든 우수한 제품으로 해외에서도 널리 인정받고 있으며, 심지어는 계산자가 일본의 발명품인 줄 잘못 알고 있는 유럽인도 있을 정도다.

이런 계산자, 계산기, 컴퓨터의 발달로 서유럽에서도 필산을 사용하는 사람이 점차 줄어들고 있다. 전에는 엄청나게 발전된 필산 기능 때문에, 유럽에 널리 보급되었던 아라비아 숫자도, 기계의 발달로 〈계산 숫자〉로서의 역할을 차츰 상실해 가고 있는 것 같다. 그러나 단순한 〈기록 숫자〉라고 해도 자리잡기 기수법보다 더 우수한 기수법을 생각해 내기는 어렵다. 아마도 이 기수법은 앞으로 영원히 그 생명을 유지할 것으로 보인다.

아무튼 〈0의 발견〉이라는 획기적인 업적을 이룬 무명의 인도 사람이, 자신의 발견이 오늘날처럼 전세계에 은혜를 베푸는 날이 오리라고 꿈에라도 생각한 적이 있을까? 예나 지금이나 스스로 획기적인 업적이라고 떠들고 다니는 일치고 진실로 획기적이었던 예는 별로 없었던 것 같다.

직선을 끊는다

연속성에 대하여

1

서양 수학은 그리스에서 탄생했으며, 그리스 수학은 피타고라스로부터 시작되었다.

원래 그리스 수학도 아무것도 없는 곳에서 갑자기 생겨난 것이 아니다. 또 피타고라스 이전에 수학에 마음을 쏟은 사람이 전혀 없었던 것도 결코 아니다.

나일 강 유역에 수천 년의 문화를 쌓아올린 이집트인들은 그리스인들 이전에 이미 상당한 수준의 계산 기술과 기하학적 지식을 가지고 있었다.

이집트인들이 식량 분배 문제 등의 일상사에서부터 등차급수 같은 좀 복잡한 문제까지 계산했었다는 사실은 기원전 1700년경에 만들어졌다는 문헌인 「린드 파피루스」에서 확인할 수 있다. 또 이집트인들은 분모가 홀수이고 분자가 2인 분

수를 분자가 1인 여러 개의 분수의 합으로 나타내는 문제를 중요시했다. 「린드 파피루스」에는

$$\frac{2}{29} = \frac{1}{24} + \frac{1}{58} + \frac{1}{174} + \frac{1}{232}$$

와 같은 종류의 문제들이 엄청나게 많이 실려 있다. 이 문제처럼 좌변을 알고 우변을 알아내는 것은 오늘날에도 그렇게 간단한 문제가 아니다($\frac{2}{29} = \frac{1}{15} + \frac{1}{435}$이라는 다른 해답도 있다).

이집트의 기하학이 나일 강의 범람에 따른 경지 구획과 피라미드의 건설 공사 등을 통해 발전되었다는 이야기는 너무나 유명하다. 이집트인들이 가지고 있었던 기하학 지식의 일단을 예로 들어보자. 그들은 원의 넓이와 같은 넓이의 정사각형을 작도할 수 있었다. 즉 원의 지름에서 그 $\frac{1}{9}$을 뺀 길이를 한 변으로 가진 정사각형의 넓이가 원의 넓이와 같다고 생각했다. 반지름이 1인 원의 경우, 그 넓이(즉 원주율)는

$$(2 - \frac{2}{9})^2 = (\frac{16}{9})^2 = 3.1604\cdots$$

와 같다. 이 값은 에도 시대 초기의 일본 수학자 요시다 미쓰요시[吉田光由]가 『진겁기(塵劫記)』(1627년에 초판이 발간되었다)에서 밝힌 원주율 값과 거의 같은 정확도의 근사값이다. 이 예제에서도 알 수 있듯이 이집트의 기하학은 주로 넓이나 부피 등의 실용적인 계산에 관한 것으로, 그 목적은 정확한 값

을 구하기보다는 계산하기 쉬운 꼴로 근사값을 구하는 데 있었다.

이집트의 수학은 기원전 600년 전후에야 비로소 탈레스나 기타 이오니아의 그리스인들을 통해 그리스로 전래되었다. 탈레스 자신도 기하학의 연구에 손을 댔는데, 이등변삼각형의 밑각은 서로 같다는 정리를 발견한 것으로 전해지고 있다.

2

기원전 8세기 중엽부터 기원전 6세기 중엽까지의 약 200년 동안은 그리스인들이 지중해나 흑해의 연안에 걸쳐서 활발하게 식민지를 개척하던 시대였다.

특히 이오니아인들은 기원전 7세기 중반 무렵 이집트의 제26왕조를 건설한 프삼티크 1세의 용병으로서 이집트가 아시리아의 속박에서 벗어나도록 도왔다. 프삼티크 1세는 이오니아인들의 충성에 대한 보상으로 나일 강의 하구에 정주(定住)할 수 있도록 허락했다. 그들은 그곳에서 나우크라티스 시의 기초를 닦았다. 이렇듯 이오니아와 이집트 사이의 왕래는 날로 빈번해졌다. 이집트의 문물이 먼저 이오니아인의 손을 거쳐 그리스에 전래된 것은 이런 사정 때문이었다.

프삼티크 1세는 복고주의를 고취했기 때문에 고왕국 시대의 찬란한 문화가 부활하기에 이르렀다. 마침 이런 때에 이집트와 그리스가 직접적인 왕래를 가지게 된 것은 그리스의 문화, 나아가서 서유럽의 문화에 있어서 큰 행운이었다.

게다가 화폐 제도가 시작된 것도 그리스인들의 식민지 발전과 더불어 지중해 연안 각 도시 사이의 상거래가 활발해진 덕분이었다. 이 화폐 제도 역시 이오니아를 거쳐서 그리스 본토로 퍼져나갔다.

3

파피루스가 그리스인 손에 들어가게 된 것 역시 이때였다.

그리스의 학문과 예술이 발흥하기 시작한 것과 파피루스의 유입이 공교롭게 일치하는 것을 보고 그리스 학문과 예술의 발달이 파피루스의 사용 덕분이라고 생각하는 사람도 있다. 문자의 발명이 문화에 끼친 영향은, 인쇄술의 발명 따위는 비교할 수도 없는 혁명적인 것이었다. 그리스의 경우에도 파피루스의 유입과 그에 따른 문자 사용의 일상화는 학문과 예술을 발전시켰을 것이다. 그러나 그리스인에 관한 한 이것을 문자 그대로 받아들이는 것은 좀더 생각해 봐야 할 문제라는 주장도 있다. 이 주장은 귀를 기울일 만한 가치가 있는 것 같다. 그리스인들이 문자에 대해 가지고 있던 생각이 요즘 우리가 가지고 있는 생각과 아주 달랐기 때문이다.

페니키아 문자의 그리스 유입은 대략 기원전 9세기경의 일로 추정되지만, 그 이후 몇백 년 동안 문자는 주로 상업적인 계약을 문서화하거나 올림픽 우승자의 이름을 기록하는 등의 일에만 사용되었다. 심지어는 법률마저도 훨씬 후대에나 성문화될 정도였다. 그리스인들은 문자를 단순한 기록 도구로 여겼을 뿐, 사상이나 지식을 전달하는 수단으로는 〈말〉보다 못한 것으로 여겼다. 즉 그리스인들은 〈글로 된 언어는 살아 숨쉬는 말의 단순한 모상(模像), 단순한 그림자일 뿐이다〉라고 생각했으며, 살아 움직이는 참된 지식은 서로 묻고 답하고, 반박을 당하고, 오해를 없애고, 누락을 보완하는 식으로, 주고받는 대화를 통해야만 비로소 생성되고 전달될 수 있다고 여겼다.

학교 교육과 통신 교육의 우열을 따질 때처럼, 그리스인들의 이러한 관점은 현대에도 어느 정도 통용되는 것이 사실이지만, 이런 생각이 그리스에서 특히 두드러지게 강조되었던 것은 무엇 때문일까? 이에 대해서는 『그리스 천재의 여러 모습 *Some Aspects of the Greek Genius*』의 저자인 부처 S. H. Butcher의 말을 인용하는 것이 가장 적합할 듯싶다.

4

 그리스인이 글로 된 언어를 못마땅하게 여긴 이유는 아마도 그리스인이 사용한 부호의 유래 때문일 것이다. 그리스인들의 경우와 이집트의 경우는 현저하게 다르다. 이집트인이 거대한 기념물에 새겨넣은 상형문자는 단순히 말소리를 나타내는 부호가 아니라 나타내고자 하는 대상물의 모상이었다. 만일 그리스인이 이집트인처럼 관념을 상징할 수 있는 문자를 만들어 내는 기술을 획득했다면 쓰는 것과 말하는 것이 같아지기 때문에, 부호의 사용(글쓰기)을 하나의 예술로서 존중했을 것이다. 이집트 같은 선진국을 흉내 내는 게 아니라 자연스럽게 그렇게 되었을 것이다. 그래서 입으로 하는 말과 손으로 쓰는 글이 밀접한 관계를 갖고 있으며, 심지어는 등가적(等價的) 관계를 가지고 있다고 생각하는 데 이르렀을 것이다.

 그리스 철학의 여러 학파 중에는 말과 관념 사이에 필연적인 연관이 있다고 주장하는 학파도 있었다. 그들은, 사물의 이름이 그것이 나타내는 사물의 정밀한 모상이자 말소리로 나타내는 모방이며, 그리고 말소리와 의미는 완전하게 일치한다고 생각했다. 그리고 그림이나 문자로 사상을 표현할 수 있다는 학설이 종종 나오긴 했으나, 그리스인들은 글쓰기 자체가 원래는 대상물의 예술적 모방인 그림으로 된 기호에서 유래했을지도 모른다는 것을 이해하지 못했다.

그들은 페니키아 사람들이 순수하게 상업적으로 이용한 완성된 한 벌의 부호, 즉 틀이 딱 잡힌 알파벳 체계의 의미를 이해하지는 못한 채 그 사용법만 기계적으로 전수받았다. 따라서 그들은 문자에 처음부터 공리주의적(功利主義的)이라는 낙인을 찍었고 예술로부터 멀리 떼어 놓았다.

그러나 글과 그림(기록과 미술)의 괴리는, 미술의 측면이나 편의의 측면에서 보면 더 잘된 일이었지만, 글의 위신 측면에서 보면 불행이었다. 오랜 세월 동안 그리스인들은 글을 기계적인 것이고, 단순한 부호이고, 거의 밀교(密敎)적인 것으로 보았다. 그들은 총체적인 아름다움이나 예술적인 형상의 개념을 글로부터 떼어놓았다. 그리고 그들은 예술가였기 때문에 틀에 박힌 일과 순전히 형식적이고 기계적인 일을 꺼려했다.

시인의 자유로운 영감은 틀에 박힌 부호를 가지고는 앞으로 나아갈 수 없다. 서사시와 희곡은 적어도 그 존재 자체를 위해서가 아니라고 하더라도, 적어도 그 활력을 위해서 살아 있는 말과 그것에 귀를 기울이는 청중에 의존하는 것이 아닌가. 더구나 음악 반주를 곁들이는 시는 다른 것의 보조 없이도 쉽게 기억될 수 있다.

그러나 그리스인이 글을 믿지 않게 된 것은 그들의 예술적인 본능 때문만은 아니었다. 그들은 언제나 정해진 법도나 양식 앞에서 쩔쩔맸다. 변하지 않는 규칙이라는 것은 자유로운 행동을 구속하는 법이다. 그들은 자유롭고 융통성이 있으며, 부단히 조정할 수 있는 것을 강렬히 원했다. 법률에 대한 그리스 정신의 태도는 이런 사정을 잘 알 수 있게 해주는 아주 좋은 사례이다. 대개의 동방 민족은 글로 적힌 경전을 가지고 있었다. 그들은 그 경전을 신의 의지에서 직접 온 것이 아니면 신이 직접 쓴 것이라고 생각했고, 각별히 신성한 것으로 여겼다. 그러나 그리스인들은 기록된 글을 신성한 것으로 여기지 않았다. 공식적이고 의식적(儀式的)인 종교 행사를 위한 몇몇 규칙은 나무판에 새겨져 신전 안에서 사제(司祭)의 수호 아래 보전되었다. 그러나 종교적인 교의(敎義)나 제전(祭典)의 체계는 물론, 권위 있는 도덕법을 포함한 어떤 가르침도 결코 문서 형식으로 만들지 않았다. 그리스인에게 있어 신이 만들고 신에서 유래한 법률, 그 〈생명은 어제오늘의 것이 아니고, 그것이 세상에 온 날은 아무도 모르는〉 법률은 기록되지 않은 것이었다.

그런데 만일 부처가 주장하는 대로라면 파피루스 사용의 일상화와 관련해 다음과 같은 상상도 가능할 것이다. 즉 파피루스는 학문의 발달 그 자체에는 공헌한 바가 별로 없었으나, 이러저러한 학자가 있었고 그는 여차여차한 사상을 가지고 있었다는 기록이 후세에 전해질 수 있게 하는 데 도움을 주었다고 생각할 수 있다. 말을 바꾸면 파피루스가 들어오기 전까지는, 가령 위대한 학자가 있었다 해도 그의 이름이나 사상이 후대에 남을 기회는 매우 적었을 것이다. 이런 정황을 고려한다면 그리스의 학문이 탈레스에서 시작되었다고 이야기하는 것도 어쩌면 탈레스의 시대가 되어서야 학자 이름을 기록하기 시작했기 때문일지도 모른다. 이런 상상은 지나치게 황당한 것일까?

5

탈레스나 피타고라스는 기록 혹은 자신의 저작물을 후세에 남기지 않았다. 그 이유는 앞에서 말한 사정으로 잘 설명될 수 있을 것 같다. 특히 피타고라스는 종교적인 결사(結社)를 결성해서 그 결사 내부의 구성원들에게만 사상을 전수하고, 이렇게 전수 받은 사상을 밖으로 누설하지 못하게 했다. 그런 사정을 보면 피타고라스가 자신의 사상을 파피루스에 기록하는 것을 꺼려했을 것은 당연한 일인 것 같다.

플라톤에게서도 이런 비교적(秘教的)인 경향을 볼 수 있지만, 그 이유가 무엇이었느냐는 것은 잠시 접어 두자. 이러한 비교적인 경향은 일본의 다도나 서도 같은 예도(藝道)를 전수하는 관습과 비슷한 것으로 여겨진다. 일본 고유의 계산법인

와산[和算]도 이런 의미에서 하나의 예도였다.

아무튼 피타고라스가 저작물을 남기지 않았기 때문에 오늘날 피타고라스가 발견한 것이라고 알려져 있는 정리들이나 그 밖의 것들이 과연 사모스에서 태어난 이 철학자가 발견한 것인지, 아니면 그 제자들로 구성된 〈피타고라스 학파〉가 발견해 낸 것인지 판별하기 어려운 것은 사실이다. 가령, 저 유명한 〈피타고라스의 정리〉에 관해서도 학자들 사이에 여러 가지 상반된 추측이 난무하고 있다. 하지만 이 책에서는 그렇게 세세한 문제에 집착하지 않고 이야기를 진행할 것이다.

6

피타고라스는 〈무엇보다도 산술을 중요시해서 이것을 상업용 계산 기술 이상의 것으로 격상시키고〉, 〈기하학의 원리를 높은 견지에서 고찰하여 그 정리를 비물체적으로 그리고 이론적으로 연구〉했다고 한다. 이렇게 해서, 수학을 실용상의 필요에 매달리지 않는 순수한 학문으로 만들었다. 또 탄탄한 논리적 증명을 통해 수학적 지식의 기초를 다져 나가는 그리스 수학의 전통을 구축했다.

하지만 이집트나 바빌로니아 등 고대 동방 민족이 가지고 있었던 〈수학〉은 이와 반대로 단순히 당장의 실용적인 필요를 충족시키기 위한 개별적인 지식의 더미(집적)에 불과했다. 그리고 이런 지식도 그저 경험적으로 얻은 단편적 지식일 뿐이었고, 이것을 증명하려는 이론적 관심을 갖지 않았다. 바꿔 말하면, 그들의 〈수학〉은 학문이라고 할 만한 것이 못 되었고, 단순한 기술의 영역을 넘지 못했다. 또 이집트에서 그리스로 기하학을 들여간 탈레스나 다른 이오니아인들도 결국 〈이집트인의 제자〉로 끝났다. 그들의 기하학적 지식은 체계적이지 않은 〈지각적(知覺的) 기하학〉의 수준을 넘지 못했다. 그런 의미에서 학문으로서의 수학은 그리스에서 시작되었고, 그리스 수학은 피타고라스에게서 시작되었다고 말할 수 있다.

하지만 최근에 바빌로니아의 수학이 순전히 경험적인 것이었다는 가설에 대해서 의문을 제기하는 사람이 나오기 시작했다. 그들은, 예를 들어 바빌로니아인들이 이차방정식의 해법이나 그 밖의 대수학적 지식을 가지고 있었던 것으로 미루어 볼 때 동방 민족의 수학을 학문이 아니라고 말하는 것은 무리라고 주장한다.

실제로 이런 종류의 복잡한 공식들은 우연한 발상이나 경험으로만 얻을 수 있는 것이 아니다. 이차방정식의 해법이나 대수학적 지식은 아무래도 복잡한 것을 하나하나 단순한 것으로 바꿔 가는 방법을 통해 얻어졌을 것이다. 만일 그렇다면 이것은 바빌로니아인들이 단순한 것을 출발점으로 삼아 복잡한 것을 증명했다는 것을 잘 보여준다고 말할 수 있다. 또 그리스 수학 문헌들의 대부분이 사라졌고 지금 남아 있는 것은 극히 일부분에 불과하다. 그런데 바빌로니아의 수학 문헌은 그리스의 것과 비교해 볼 때 더욱 빈약하게 남아 있다. 즉, 현재 알려져 있는 자료만으로 바빌로니아인이 〈수학적 증명〉을 모르고 있었다고 성급하게 단정할 수도 없는 일이다.

또 바빌로니아의 수학은 천문학과 밀접하게 연관되어 발달했다는 가설이 일반적으로 주장되었으나, 최근의 연구에 따르면 바빌로니아에서는 계량적 천문학이 출현하기 훨씬 전에 〈순수 수학〉이 고도로 발달했었다는 것이 밝혀졌다. 이것은 바빌로니아의 수학이 오직 실용만을 위한 〈기술〉에 불과했다고 단언하는 게 좀 경솔하다는 것을 말해 준다.

7

이집트의 수학은 바빌로니아의 수학과 비교하면 훨씬 원시적이었다. 또, 바빌로니아의 수학에 관한 위의 주장도 아직은 추측의 수준을 벗어나지 못하는 것임은 말할 필요도 없다. 그러나 이들의 수학이, 흔히 말하듯이 경험적 지식의 더미(집적)인 단순한 계산 기술에 그쳤다고 하더라도 그 가치를 너무 과소평가하는 것은 성급한 일이다. 체계성이 없는 지식의 더미

〈집적〉라고는 하지만, 이것이 〈수학적 지식〉으로서 다른 지식, 예를 들어 천문학적 지식과 구별되는 이상, 거기에는 무엇인가 특별히 〈수학적인 것〉으로 특징지어질 수 있는 요소가 있다. 또 그것이 단순하게 실용적인 목적에 봉사하는 지식이었다는 이야기를 뒤집어 보면 실제로 그런 지식이 실용적으로 사용되었다는 것을 의미한다. 바꿔 말하면, 인간과 외부 세계가 관계를 맺을 때 〈수학적인 것〉이 〈실용〉이라는 모양으로 훌륭하게 그 구실을 했던 것이다.

그리고 보면 동방 민족의 〈수학〉이 참된 의미의 수학이 아니었다고 하기보다는, 오히려 〈수학적인 것〉이나 〈존재의 세계와 수학적인 것의 관계〉에 대한 그들의 태도가 피타고라스 이후의 그리스인의 태도와 크게 달랐을 뿐이었다고 하는 게 타당할 것 같다. 이것을 바꿔 말하면, 그리스인이 보여준 순수하게 학문적이고 이론적인 방법 역시 수학을 대하는 한 가지 태도에 불과했다고 말할 수도 있다. 한발 더 나가서 앞 절에서 말한 바빌로니아 수학에 관한 추측이 만일 옳은 것이라면 바빌로니아인의 수학은 이집트인의 실용 수학과 그리스인의 이론 수학 사이에 있는 또다른 형태의 수학이라고 할 수도 있을 것이다.

8

앞에서 말했듯이, 그리스인의 수학에 대한 태도와 현대 수학자들이 수학에 대해서 가지고 있는 견해를 비교해 보면, 그 의미가 한층 더 분명해진다. 현대 수학자들이 그리스 수학의 전통을 계승하고 있는 것은 의심의 여지가 없으나, 그렇다고 해서 수학에 대한 태도가 그리스 이래 아무런 변화도 없이 계승된 것은 결코 아니다.

여기서 말하는 〈태도의 차이〉가 무엇을 의미하는지 자세하게 설명할 여유가 없어서 일단 대충 이야기해 보겠다. 그리스인들은 수학적 사실(예를 들어서 유클리드 기하학의 여러 정리들)을 이미 존재하는 것이 발견되는 것으로 여겼지만, 현대 수학자들은 푸앵카레가 말했듯이 수학적 사실을 〈수학자 자신이, 때로는 수학자의 변덕이 창조〉하는 것으로 여긴다.

특히 기하학의 경우에, 그리스인은 참된 의미의 공간이 오직 하나만 있다고 생각했다. 그리스인인 유클리드는 기하학을 하나밖에 없는 참된 공간의 성질을 연역적 방법으로 기술하는 학문으로 파악했다. 그런데 현대적 관점에서 볼 때는 유클리드 공간 외에도 얼마든지 다른 구조의 〈공간〉을 창조할 수 있다. 그중에 어느 것이 참 공간인가 하는 문제는 의미가 없다. 다만 일상 공간으로 관찰의 범위를 한정할 경우에만 유클리드 공간을 쓰는 게 가장 편리할 뿐이다. 따라서 오늘날의 기하학을 유클리드 기하학의 연장선 위에 있는 커다란 진전 정도로 볼 것이 아니라, 혁명적인 비약이라고 봐야 한다.

이렇게 생각하고 보면, 현대 수학의 상황 역시 어떤 비약적인 발전을 가져올 혁명 전야가 아니라고 누가 단언할 수 있을까? 현대 수학의 방법을 〈수학적인 것〉을 대하는 유일한 태도로 보는 것은 위험하다. 반세기 동안 계속 진행되고 있는 〈수학의 기초〉에 관한 논의는 어쩌면 새로운 수학이 탄생하느라 터져 나오는 산고일지도 모른다.

9

앞 절에서 말한 것과 관련이 있는 이야기인데, 꼭 기억해 둬야 할 것은 그리스의 수학이 철학과 결부돼 발전했다는 것이다. 아니 오히려 철학 안에서 발전했다고 하는 게 맞다.

탈레스가 서양 철학사의 벽두에 등장한 수학자이고, 그의 사상이 〈만물은 물이다〉라는 말로 요약된다는 정도는 여러분도 이미 잘 알고 있을 터이다. 사실 탈레스뿐만이 아니라, 고대 그리스의 수학자는 거의 모두가 철학자였다.

오늘날처럼 학문이 여러 분과로 갈라진 것은 그리스 시대보다 훨씬 후대의 일이며, 당시에 학자라면 먼저 넓은 의미에서 철학자였다는 점을 염두에 두어야 한다. 이런 철학자 중에서도 특히 수학 쪽에 관심을 두었던 사람이 수학자로서 오늘날까지 기억되고 있을 뿐이다.

다른 나라와 비교해서, 특히 그리스에서 이런 사변적(思辨的)인 수학자, 즉 철학자가 많이 배출된 까닭을 그리스인들이 가지고 있던 원래의 소질에서 비롯된 것이라고 하는 사람도 있지만, 다른 한편으로는 노예 제도 덕분에 유한계급이 사색(思索)으로 세월을 보낼 여유를 가졌기 때문이라고 말하는 사람도 있다.

이런 사정을 아주 무시할 수 없는 것도 사실이지만, 유한계급이 만들어 낸 것이기 때문에 철학이나 수학이 한가한 사람들의 소일거리였다고 속단해 버리는 것도 좀 짧은 생각이다. 실제로 그렇게도 실용적이었던 이집트 수학도, 아리스토텔레스에 따르면, 그 나라의 사제들이 학문을 연구할 수 있는 한가한 여유를 가지고 있었기 때문에 발달할 수 있었다.

피라미드의 건설이나 경작지의 구획을 예로 들어 보자. 전자는 파라오의 사후의 운명에 관한 것이었고 후자는 세금 부과액을 결정하는 것이었기에, 두 가지 모두 이집트인에게 있어 아주 중요한 현실적 문제였다. 그러나 얼핏 보면 비현실적으로 보이는 철학도 그리스인에게 있어서는 때로 생사(生死)와 관련된 문제이기도 했었다는 것을 잊어서는 안 된다. 그리고 철학과 함께 성장한 수학도, 오늘날의 관점에서 보면 한

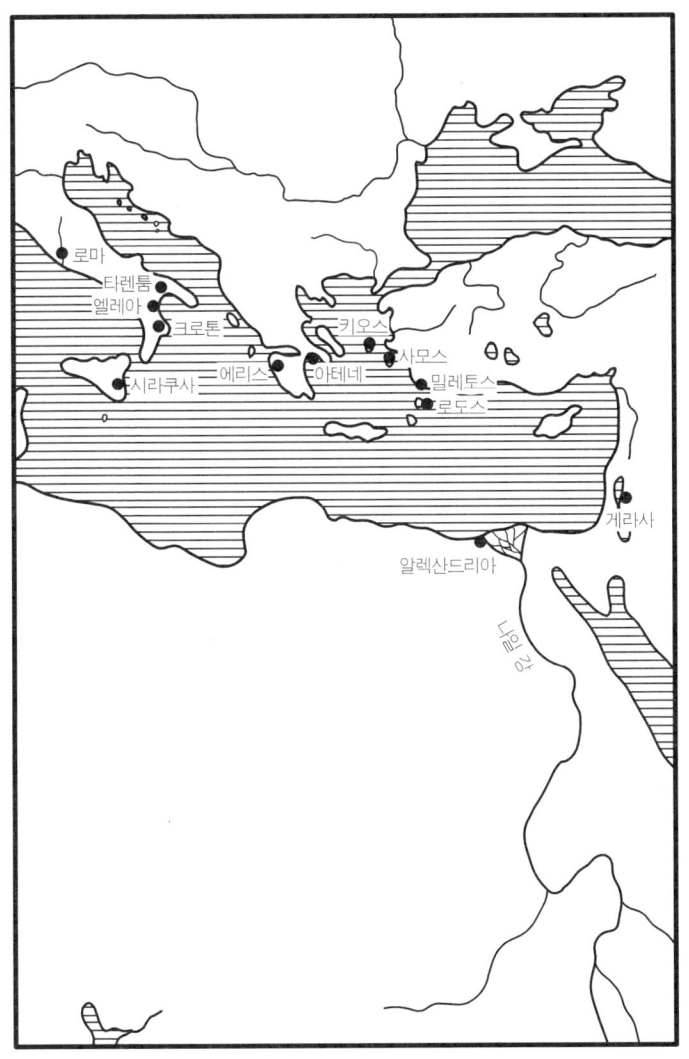

그림 13 고대 지중해

가한 소일거리로 보일 수도 있지만, 그리스인은 이것을 한가한 개념의 유희로 생각하지 않았다. 우리는 그리스 수학의 이런 측면을 최초의 그리스 수학자인 피타고라스에게서 볼 수 있다.

10

피타고라스는 기원전 570년경 이오니아의 사모스 섬에서 태어났다. 원래 태어난 곳은 이탈리아이고 어릴 때 가족과 더불어 사모스로 옮겨갔다는 설도 있다. 아무튼 피타고라스가 사모스에서 어린 시절을 보낸 것만은 의심의 여지가 없는 것 같다. 사모스는 담배의 생산지로도 유명한 곳이다.

피타고라스가 청년 시절을 어떻게 보냈는지는 자세히 알려져 있지 않다. 다만 같은 이오니아의 도시인 밀레투스에 사는 탈레스의 이름을 듣고 찾아가 스승으로 모시고 가르침을 받았고, 나중에 스승의 권고에 따라서 이집트로 유학을 갔다는 전설이 전해져 오고 있다. 개중에는 바빌로니아, 더 멀리 인도까지 다녀왔다고 주장하는 전기 작가도 있지만, 피타고라스가 동방 여행을 시도했었는지에 관해서는 별다른 증거가 없다. 다만 그 인품이나 학식의 성장과 발전이 동방의 풍부한 영향을 받으며 이루어진 것만은 확실하다고 할 수 있다.

그런데 피타고라스가 장년 시절인 기원전 532년에 폴리크라테스라는 독재자가 나와 사모스의 정권을 장악하고 압제 정치를 시작했다. 피타고라스는 이 압제 정치를 피해 이탈리아로 옮겨가 크로톤에 학원(學園)을 개설했다. 크로톤은 이탈리아의 동남부 해안에서 번영했던 그리스인들의 항구 도시였다. 그곳의 돈 많은 집의 자제들이 앞 다투어 피타고라스의 문하로 몰려들었다.

피타고라스는 헤로도토스가 전하듯이 〈그리스인 중에서 가장 훌륭한 철학자〉였으나, 동시에 영혼의 불멸과 윤회(輪廻)를 설파하는 신비주의적인 종교인이기도 했다. 따라서 그 학원에 모인 사람들은 자연스럽게 피타고라스를 중심으로 하나의 학파(동시에 교단)를 형성했다. 피타고라스의 해박한 학식과 그의 특이하고 매력적인 성격은 많은 사람을 매료시켰고, 그 학파의 세력은 차츰 강대해졌다. 하지만 시 당국과 시민들의 미움을 사서 마침내 해산당하고 말았다. 결국 피타고라스는 유랑 중에 (아마도 타렌툼에서) 그의 긴 생애를 마쳤다고 한다(기원전 490년).

11

크로톤에 있던 피타고라스 학파의 학원에서는 일종의 계율을 지키는 생활을 해야만 했다. 이것의 목적은 윤회의 고통에서 빠져나오기 위해 혼을 깨끗하게 하는 것이었다고 한다. 이와 아울러 교과목으로는 산술, 음악, 기하학 및 천문학의 네 과목이 있었으나 이 과목들은 지금 말한 종교적 수행과 밀접하게 결부된 것이었다. 앞서도 말했듯이 피타고라스는 수학을 상업에서 구출해 품격을 갖춘 고상한 학문으로 만들어 낸 사람이다. 그러나 정작 피타고라스 자신은 수학 연구를 오늘날 말하는 의미의 〈수학을 위한 수학〉으로 생각하지 않았다. 오히려 종교적 삶을 위한 연구로 여겼다.

전설에 따르면 피타고라스는 하프의 현의 길이를 조절해서 실험한 결과, 현의 길이가 각각 2:1, 3:2, 4:3의 비를 이룰 때 각각 음정의 옥타브(8도나 1도), 5도, 4도에 해당하는 소리를 내는 것을 발견했다고 한다. 당시 사람들은 음악을 종교적 법열(法悅)의 경지로 이끄는 영혼 정화 방법으로서 존중했다. 그것을 생각하면, 이런 발견이 숫자에서 무엇인가 신비한 힘을 보게 만들고 대수학을 매우 중시하게 만든 것은 자연스런 일이었다. 동시에 이 발견은 피타고라스 학파 안에서 비례 이론을 본격적으로 연구하게 된 계기가 되기도 했다.

천문학 문제와 관련해서, 피타고라스는 우주나 대지(大地) 모두 구(球) 모양이라고 생각했다. 〈대지는 구다〉라는 생각은, 피타고라스가 월식 때 지구가 달에 드리우는 그림자가 동그란 것을 보고 착안했다는 설도 있지만, 월식이 지구의 그림자라는 설명은 후대의 아낙사고라스가 처음으로 말한 것이기 때문에 피타고라스가 말했다는 설은 믿기 어렵다. 그것보다는 모든 입체 중에서 구가 가장 완전하고 가장 아름다운 입체이기 때문에 천체나 우주를 구 모양으로 여겼을 것이라고 보는 게 더 자연스러운 설명이다. 천체 궤도가 원이라고 한 것 역시 원이 곡선 중에서 가장 완전한 것이라고 생각했기 때문이다.

피타고라스의 천문학은 그의 음악 이론과 따로 떼어놓을 수 없었다. 즉, 천체는 원형 궤도를 따라서 움직이면서 소리를 내는 것이라 여겼고, 앞서 말한 음정과 현의 길이의 관계처럼 그 음은 속도가 큰 천체일수록 높은 음을 낸다고 주장했다. 여기서 속도가 큰 천체라고 하는 것은 그 궤도가 큰 것을 의미했다. 이렇게 궤도 크기의 대소에 따라서 결정되는 천체의 높고 낮은 여러 음은 서로 화음을 이루면서 신묘한 천상의 음악을 만들어 냈다. 그리고 이런 우주의 하모니는 모든 사람 중에서 오직 피타고라스 혼자서만 들을 수 있었던 것 같다.

천구 위에 펼쳐진 별들이 무리를 지어서 별자리를 만든다는 생각은 이미 탈레스나 아낙시만드로스도 가졌던 생각으로, 피타고라스 역시 이런 생각을 하고 있었음은 두말할 필요도 없다. 사람이 이런 별자리를 응시할 때 먼저 마음에 떠오르는 것은 별자리가 하늘에 그리는 기하학적 도형과 별자리를 이루는 별의 개수일 것이다.

인간이 보기에 영원한 것처럼 보이는 천체들이 특정한 수에 따라 기하학적 모양으로 결합하고 있다는 사실은 피타고라스 학파의 수학에 심대한 영향을 끼쳤다. 즉, 피타고라스는 수를 별자리처럼 점이 모인 것으로 봄으로써 산술과 기하학을 서로 다른 것이 아닌 같은 것으로 보게 해주었다. 또 이것은 별자리가 나름대로 고유의 수를 갖듯이, 우리가 알고 있는 모든 사물은 나름대로의 수를 갖고 있으며, 수야말로 인식의 조건이라는 생각을 가지게 했다. 피타고라스는 이렇게 수라는 개념을 중요시하는 견해와 음악에서 확인한 신비로운 수의 관계를 바탕으로 삼아 저 유명한 〈만물은 수이다〉라는 주장을 했던 것이다. 피타고라스가 〈무엇보다도 산술을 중요시〉하게 된 이유가 바로 여기에 있다.

12

하늘의 별자리를 모방해서 수를 점이 모인 것으로 나타내자는 생각은 소위 〈형상수(形象數)〉의 이론을 낳았다.

형상수 중에서 가장 간단한 것은 〈그림 14〉에서 보듯이 삼각수이다. 피타고라스는 1에서 시작해서 2, 3, 4, … 하면서

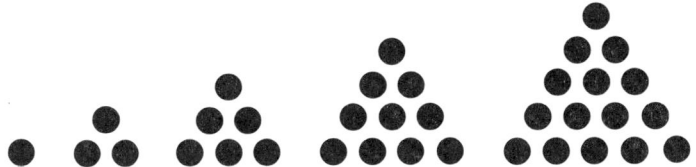

그림 14 삼각수

처음의 자연수를 몇인가 더하면 그 합이 정삼각형의 모양이 된다는 것을 발견했다. 오늘날의 용어를 사용하면, 초항이 1이고 공차가 1인 등차급수의 처음 n개항의 합은

$$1+2+\cdots+n=\frac{n(n+1)}{2}$$

이 된다. 즉 1, 3, 6, 10, 15, 21, 28, 36, 45, … 등은 삼각수가 되는 셈이다.

삼각수 다음에 오는 것은 제곱수(사각수)이다(그림 15). 이것은 예를 들어서 점 3개의 열을 꼭 셋만 늘어놓은 도형이 되는 수, 즉 $3^2=9$와 같은 것을 의미했다.

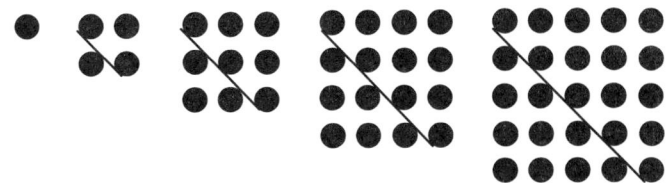

그림 15 제곱수

일반적으로 말해서 n이 자연수일 때 n^2은 n번째의 정사각형을 이루는 점의 개수로 나타낼 수 있다. 〈그림 15〉에서 보듯이 제곱수가 두 삼각수의 합으로 표시된다는 것, 즉

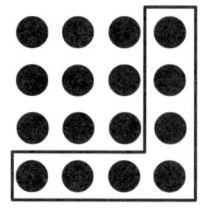

그림 16 제곱수와 그노몬

$$n^2 = \frac{n(n+1)}{2} + \frac{n(n-1)}{2}$$

인 것은 피타고라스의 시대에도 이미 알려져 있었다고 한다. 지금 예를 들어서 세번째 제곱수 $3^2=9$에서 네번째 제곱수 $4^2=16$을 만들어 보자. 그러자면 〈그림 16〉처럼 9를 나타내는 정사각형의 모서리를 따라서 $2 \times 3 + 1 = 7$, 즉 점 7개를 ㄱ자 모양으로 덧붙이면 된다. 일반적으로 다음 식

$$(n+1)^2 = n^2 + (2n+1)$$

에서 알 수 있듯이 $2n+1$개의 점을 ㄱ자 모양으로 배열해 놓은 것을 n번째 정사각형에 덧붙이면 $n+1$번째의 정사각형이 된다. 그리스인들은 이렇게 점을 ㄱ자 모양으로 배열해 놓은 도형을 그노몬 gnomon(ㄱ자 모양으로 생긴 곡척)이라고 불렀다. 점 1개로 이루어지는 정사각형에서 출발하여 차례로 3개, 5개, 7개, … 하는 식으로 홀수개의 점을 더해 그노몬을 만들어 가면, 차례로 2^2, 3^2, 4^2, …을 나타내는 정사각형이 된

다. 이것을 다르게 말할 수 있다. 즉 모든 홀수는 두 제곱수의 차다.

이렇게 점의 배열로 자연수를 나타내고, 이것을 이용해 자연수의 성질을 연구하는 방법은, 그저 원시적이라는 말 한마디로 평가절하고 말 일이 아니다. 예를 들어서 19세기 후반에 출판된 유명한 디리크레의 『정수론 강의』의 시작 부분을 보면, 자연수에서 곱셈의 교환법칙 ($a \times b = b \times a$)이 성립하는 것을 〈그림 17〉처럼 예비적으로 증명한 것을 볼 수 있다. 실제로 잘 생각해 보면, 이런 증명이야말로 자

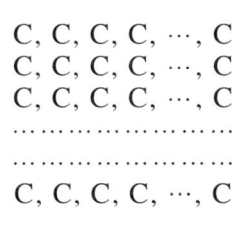

그림 17 형상수로 표현된 자연수

연수의 본질을 참으로 깊이 있게 보여주고 있는 것인지도 모른다.

이런 이야기를 하면, 독자 중에는 보통 곱셈의 경우 등식 $a \times b = b \times a$가 성립하는 게 뭐 그리 대단한 일이냐고 할 사람도 있을지 모른다. 하지만 아무것이나 곱한다고 이런 교환법칙이 성립한다고 생각하는 것은 아주 큰 잘못이라는 점을 말해 두고 싶다. 가령 역학의 기초를 배우면 알게 되는 것이지만, 두 벡터 a와 b의 벡터곱은 실제로

$a \times b = -(b \times a)$

이다. 이렇게 교환법칙이 성립하지 않는 경우를 얼마든지 찾아볼 수 있다.

이렇게 간단하게 훑어본 것을 통해서 알 수 있듯이 피타고라스의 〈산술〉은 실용적인 목적을 가진 계산 기술의 범위를 넘어서, 수(피타고라스에게는 자연수만이 수였다)의 내재적 성질을 연구하는 것이었다. 말하자면 정수론(整數論)의 선구자였던 셈이다. 그리스 시대의 〈산술〉 연구의 기초는 이렇게 형성되었다. 그리고 이러한 〈산술〉은 항상 기하학과 결부되었다. 그 시대에는 어떤 정리든 반드시 기하학적인 형태로 증명을 해야 했다는 사실은 눈여겨 볼 일이다.

13

형상수의 이론은 〈1은 위치가 없는 점이며, 점은 위치가 있는 1〉이라는 생각을 기반으로 삼고 있었다. 따라서 이런 생각의 바탕에는 당연히 점은 크기가 있다는 생각이 깔려 있다. 〈만물은 수이다〉라는 말은, 어쩌면 만물은 점, 즉 1이 모여서 된 것, 바로 수라는 소박한 의미였다고 해석해야 할지도 모른다. 유클리드의 『기하학 원론』은 〈점은 부분(部分)을 갖지 않는다〉는 유명한 정의로 시작되고 있는데, 이런 추상적인 점 개념은 몇 세대에 걸친 개념의 연마(硏磨)를 거듭한 끝에 비로소 나온 것이다. 기하학의 초창기에는 천체의 모양이나 작은 돌의 모양 등에서 점의 모양을 연상했다. 예를 들어서, 점이 구 모양을 하고 있다고 생각했던 적도 있었다.

점이 크기를 갖는다는 생각은, 필연적으로 선이 유한개의 점으로 이루어져 있다는 생각으로 나아갔다. 즉, 피타고라스의 눈에 선은 마치 염주를 곧게 펴서 만든 것처럼 보였다. 이런 구조를 갖는 선이면, 임의의 두 선을 가져다가 길이를 비교할 경우 그 비를 항상 두 자연수의 비로 나타낼 수 있어야 했다. 말을 바꾸면, 두 선의 길이는 항상 서로〈통약가능(通約可能)〉한 것이어야 했다.

앞서도 말했듯이, 피타고라스가 말하는〈수〉는 주로 자연수, 다시 말해 양의 정수를 의미했다. 나아가서 음정 이론(音程理論)과 함께 성립된 비례 이론(比例理論)을 통해 분수를 두 자연수의 비로서 고찰할 수 있게 되었다. 이렇게 산술의 대상은 자연수와 그 비(분수)로 규정되었고, 또 기하학이 다루는 선은 모두 그 길이를 통약할 수 있는 것으로 한정되었다. 피타고라스 학파는 수와 기하학적 도형의 놀라운 포옹이 우주의 조화를 계시하는 것으로 받아들였고, 동시에〈만물은 수〉라는 사상을 강력하게 지지하는 것으로 여겼다.

이렇게 해서 수학이라는 토대 위에 조화적(調和的)이고 신비주의적인 세계관이라는 건물을 지은 피타고라스 학파는 차츰 성장해 갔다. 직각삼각형에 관한 소위 〈피타고라스의 정리〉는 아마도 이런 성장 도중에 발견되었고, 또 이에 대한 증명도 어느 정도 고안되었으리라. 이 정리가 가지고 있는 아름다움과 선명함은 피타고라스 학파의 조화로운 세계관에 또다시 신선한 힘을 불어넣었다. 이 정리의 발견은 피타고라스에게 엄청난 기쁨을 안겨 주었다. 피타고라스가 이 정리를 발견하고 황소를 신에 바쳤다는 것을 보면 그의 기쁨이 얼마나 컸던가를 짐작할 수 있다.

그러나 그 기쁨은 오래가지 않았다. 이 정리야말로 조화로 가득한 피타고라스의 세계를 뒤흔들 운명을 지닌 〈판도라의 상자〉였다. 앞서 언급한 외부적인 탄압과는 별도로 피타고라스 학파에 큰 위기가 다가오고 있었다.

14

〈직각삼각형의 빗변을 한 변으로 하는 정사각형의 넓이는, 직각삼각형의 나머지 두 변을 각각 한 변으로 하는 두 정사각형의 넓이를 합한 것과 같다〉는 정리(그림 18)와 그 역(逆)정리는 피타고라스의 이름과 하나로 묶여서 기억되고 있다. 그러나 피타고라스가 이 정리의 일반적인 모양을 알고 있었는

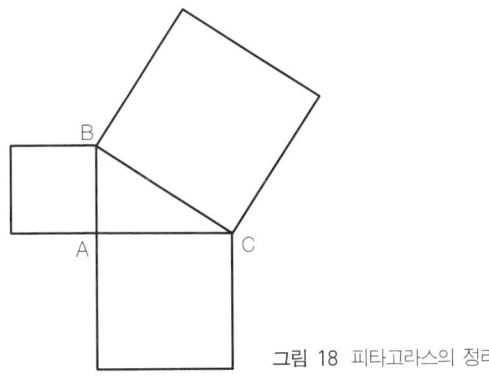

그림 18 피타고라스의 정리

지, 더욱이 이 엄밀한 증명을 직접 했는지에 관해서는 많은 의문이 제기되고 있다. 유클리드의 『기하학 원론』에 실려 있는 증명은 유클리드가 새롭게 만들어 낸 것으로 받아들여지고 있으며, 피타고라스는 아마도 이 증명의 극히 특수한 사례만을 알고 있었을 것이라 짐작하고 있다.

이 정리에 관련해서 많은 사람들이, 이집트인이 〈세 변의 길이가 각각 3, 4, 5인 삼각형은 직각삼각형〉이라는 경험적인 사실을 이용해서 수직선을 그었다고 알고 있을 것이다.

$$3^2 + 4^2 = 5^2$$

이것은 바로 〈피타고라스의 정리〉의 역정리 중 특수한 경우에 해당한다. 많은 사람들은 이집트인이 이 등식을 알고 있었다고 하지만, 역사가들의 주장에 따르면 이집트인이 이런 삼각형을 직각삼각형이라고 불렀다는 기록은 오늘날 남아 있는 이집트 고문서(古文書)의 어디에서도 발견할 수 없다고 한다. (삼각형의 합동의 정리를 이용하면 알 수 있듯이 피타고라스의 정리와 그 역정리는 한쪽에서 나머지 한쪽을 바로 도출할 수 있다는 점을 눈여겨 봐주기 바란다.)

그것은 그렇고, 피타고라스도 앞서 말한 것처럼 가장 간단한 경우에 정리가 성립한다는 사실을 알고 있었고, 바로 거기서 출발해 일반적인 경우에도 정리와 역정리가 성립한다는 생각을 가지게 되었을 것이라고 추측하는 것은 무리가 없다.

그렇다면 피타고라스가 이 정리의 〈증명〉을 어느 정도까지 알고 있었을까 하는 문제가 남는다. 이에 대해서는 여러 가지 추측을 할 수 있다. 그중 하나는, 비례 이론을 이용해 증명하는 방법으로(그림 19), 직각의 꼭지점 A에서 빗변에 내린 수선의 발을 D라고 하면, 삼각형 ABC와 삼각형 DBA는 닮은 꼴이므로, AB가 변인 정사각형의 넓이는 BD와 BC가 변인 직사각형의 넓이와 같다. 같은 모양으로 AC가 변인 정사각형의 넓이는 DC와 BC가 변인 직사각형의 넓이와 같으므로 이 둘을 합치면 바로 피타고라스의 정리가 나온다.

또 비례 이론을 쓰지 않고 증명했다고 추측해 볼 수도 있다(그림 20). 직각을 끼고 있는 두 변의 길이가 각각 3 그리고 4인 경우를 이용해서 이것을 증명해 보자. 우선 변의 길이가

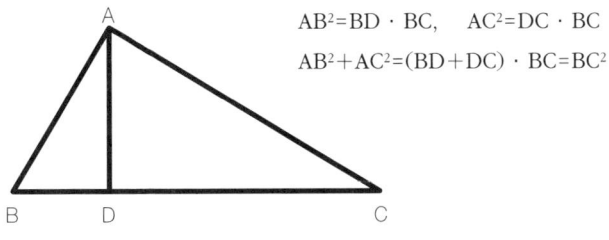

그림 19 비례 이론을 이용한 증명

$AB^2 = BD \cdot BC, \quad AC^2 = DC \cdot BC$
$AB^2 + AC^2 = (BD + DC) \cdot BC = BC^2$

7 = 3+4인 정사각형을 그리고, 〈그림 20〉처럼 직각삼각형의 빗변을 변으로 가진 정사각형 EFGH를 그린다. 그러면 〈그림 20〉에서 알 수 있듯이 이 정사각형의 넓이는, 직각을 낀 두 변이 3과 4인 직사각형의 넓이의 2배에다 한가운데의 변이 1인 정사각형의 넓이를 더한 것과 같다. 그런데 이 넓이의 합은 두 정사각형 ELMB와 KGCM의 합과 같다. 이것으로 증명 끝(QED).

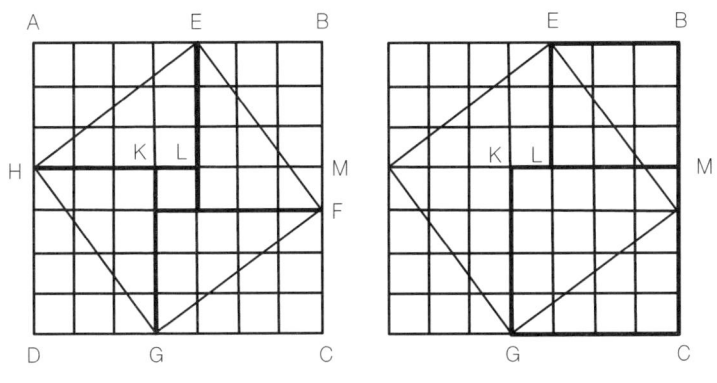

그림 20 피타고라스 정리의 증명

15

지금 예로 든 증명 방법은, 직각을 끼고 있는 두 변의 길이가 모두 정수인 경우에는 항상 성립한다. 따라서 이런 경우에 피타고라스의 정리가 성립하는 게 분명해진 이상, 〈삼각형의 세 변의 길이인 a, b, c가 모두 정수이며, 또 등식

$$a^2 = b^2 + c^2$$

을 만족시킬 때 그 삼각형은 직각삼각형이다〉라는 역정리는 자명한 것이 된다. 이 역정리가 자명해지면 이번에는 위의 등식을 만족시키는 정수 a, b, c를 찾아내는 것이 새로운 문제가 된다.

이에 대해서 피타고라스는

$$3^2 + 4^2 = 5^2, \quad 5^2 + 12^2 = 13^2, \quad 7^2 + 24^2 = 25^2$$

처럼 일반적으로 n이 홀수일 때

$$\left(\frac{n^2-1}{2}\right)^2 + n^2 = \left(\frac{n^2+1}{2}\right)^2$$

의 등식이 성립하는 것을 알고 있었다고 한다. 이런 것을 알게 된 연유에 대해서도 여러 가지 가설이 있으나, 그 가설들 중에서 가장 그럴 듯한 것은 앞서 설명한 그노몬을 이용해 증명했다는 것이다.

즉, 앞서 말했듯이 제곱수를 나타내는 도형에 그노몬을 갖다 붙이면 여전히 제곱수를 나타내는 도형이 하나 생긴다. 그리고 그 그노몬은 홀수 개의 점으로 이루어져 있다. 반대로 홀수 개의 점을 그노몬 꼴로 배열해 놓으면, 이것은 두 제곱도형의 차로 볼 수 있다. 그리고 수 중에서 완전제곱(예를 들어 9, 25, 49, 81 등 자연수의 제곱)인 것을 골라내기만 하면, 구하는 세 정수의 집합을 찾아낼 수 있다. 따라서 홀수 $2c+1$(c는 자연수)이 완전제곱수라고 하고

$$2c+1 = n^2$$

이라 가정한다(여기서 n은 정수이지만 n^2이 홀수라는 점 때문에 n도 홀수라는 제약이 따른다). 이렇게 하면 c는 바로 이 작은 제곱도형이 몇 번째 제곱도형인지 그 차례를 나타내는 수가 되고, $c+1$은 큰 제곱도형의 차례를 나타내는 수가 되므로 결국 a, b, c를

$$c = \frac{n^2-1}{2}, \quad b = n, \quad a = \frac{n^2+1}{2}$$

로 하면, 우리의 등식은 이것을 만족시킨다. n이 차례로 3, 5, 7일 때는 위의 식을 통해서

$$c=4, \quad b=3, \quad a=5$$
$$c=12, \quad b=5, \quad a=13$$
$$c=24, \quad b=7, \quad a=25$$

가 되는 것은 더 설명할 필요도 없을 것이다.

16

사실은 지금까지 일부러 덮어 놓았던 것이지만, 피타고라스 정리의 성립을 가장 쉽게 알 수 있는 경우는 직각을 끼고 있는 두 변의 길이가 같은 경우, 즉 직각이등변삼각형의 경우다. 이 경우 빗변을 한 변으로 하는 정사각형의 넓이가 직각이등변삼각형의 밑변을 변으로 하는 정사각형의 넓이의 2배라는 것은 〈그림 21〉을 보면 한눈에 알 수 있다. 이것은 실제로 〈피타고라스의 정리〉 자체가 애초에 이 직각이등변삼각형을 설명하면서 발견된 것이 아닐까 하는 가설도 있을 정도로 정리의 성립을 확실하게 보여준다.

그러나 이렇게 가장 알기 쉬운 경우가 사실은 피타고라스학파를 근저부터 흔드는 가장 무서운 비밀을 감추고 있었다. 이것은 다름이 아니라 직각이등변삼각형이 통약불가능한 선분의 존재를 또렷하게 보여준다는 것이다. 즉 직각이등변삼각형의 빗변, 말을 바꾸면 정사각형의 대각선의 길이와 그 정

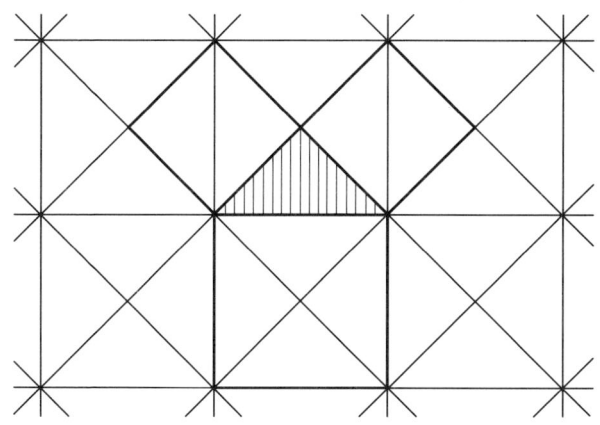

그림 21 직각이등변삼각형의 피타고라스 정리

사각형의 한 변의 길이가 이루는 비는 두 자연수의 비로 나타낼 수 없는 것임을 알게 되었다.

이것은 다음 쪽 〈상자글 2〉에 그 증명을 따로 실어 놓았으니 관심이 있는 독자는 참고하기 바란다. 이 증명 방법은 아마도 피타고라스 자신이 했거나, 아니면 초기 피타고라스 학파의 사람이 고안한 것 같다.

간단하게 하기 위해 변의 길이가 1인 정사각형을 잡으면, 그 대각선 길이의 제곱은 2가 된다. 지금 말한 것에 따르면, 이 빗변의 길이와 1의 비율은 자연수의 비로 나타낼 수가 없다. 즉 이 길이는 자연수나 분수로는 도저히 나타낼 수 없다. 이 길이는 잘 알려져 있듯이 오늘날 $\sqrt{2}$ 라는 기호로 나타내며,

직선을 끊는다

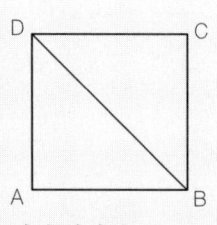
가령 정사각형 AB(CD)에서 변 BD와 변 AB가 통약 가능하다면, BD와 AB의 비는 두 자연수 p와 q의 비로 나타낼 수 있을 것이다. 여기서 p와 q는 서로 공약수를 갖지 않는다. 그렇게 하면 우선 피타고라스의 정리에 따라서

$$BD^2 = AB^2 + AD^2 = 2AB^2$$

이 된다. 그런데 가정에 의해서

$$BD:AB = p:q \quad BD^2:AB^2 = p^2:q^2$$

이므로, 이 비례식에서 등식

$$p^2 = 2q^2$$

를 만들 수 있다. 이 등식은 p^2이 짝수이므로 p가 짝수임을 나타낸다. 따라서 p와 공약수가 없는 q는 홀수여야만 한다.

그런데 지금 짝수 p를 $2r$(r은 자연수)이라 나타내고 이것을 위 등식에 대입하면

$$4r^2 = 2q^2 \text{ 즉 } q^2 = 2r^2$$

이 된다. 따라서 이번에는 q가 짝수여야만 한다. 이것은 p와 q가 공약수를 갖지 않는다는 가정과 모순이다.

이런 모순은 우리가 처음에 한 가정이 잘못되었다는 것을 말해 주고 있다. 즉, 홀수이면서 동시에 짝수라는 복잡하고도 이상야릇한 자연수가 있다는 것을 인정하지 않는 이상, BD와 AB의 비를 두 자연수의 비로 나타낼 수는 없다.

상자글 2 통약불가능성에 대한 증명

이것을 소수로 바꿔 쓰면

    1.414213…

이다. 앞의 1부 「영의 발견」(29절)을 읽은 독자는 이것이 순환하지 않는 무한소수로 나타내야 하는 수, 즉 무리수임을 바로 이해할 수 있을 것이다.

17

하지만 이렇게 통약불가능한 선의 존재는 피타고라스 학파의 수학 체계에 치명적인 타격을 주었다. 앞에서도 말했듯이 피타고라스의 산술의 대상이 되는 것은 만물의 근원인 자연수와 그 비율이었으며, 이렇게 산술과 완벽한 조화를 이루는 기하학이 다루는 선의 길이는 서로 통약가능해야 했다. 그런데 알고 보니 아주 가까운 등잔 밑에 통약불가능한 선이 있음을 알게 된 것이다. 이렇게 해서 수와 도형의 수려한 조화는 무참하게 무너져 버렸다.

여기서 이런 통약불가능한 양을 추방했더라면 피타고라스 수학의 순수성과 조화를 완전하게 지켜나갈 수 있었을지도 모른다. 그러나 피타고라스에게 있어서 수학은, 사람이 멋대로 그 고찰 범위를 제한할 수 있는 것이 아니었다. 즉,

피타고라스는 수학의 진리를 인간의 발견이나 발명을 통해서 비로소 세상에 존재할 수 있게 되는 것이 아니라, 세상에 이미 존재하고 있는 것이라고 생각했다. 그래서 이 통약불가능한 양의 발견은 수와 도형의 완전한 조화를 기초로 삼고 발전한 피타고라스의 세계관 또는 종교를 그 뿌리부터 흔들었다.

이 재앙이 피타고라스 학파에 가져온 동요가 얼마나 대단한 것이었는지를 보여주는 이야기로 다음과 같은 전설이 전해진다. 그들은 통약불가능한 양에 〈아로곤〉, 즉 입에 담아서는 안 되는 것이라는 의미의 이름을 붙였고, 이것의 존재를 외부에 절대로 알리지 못하게 했다. 아로곤의 존재는 조화의 오묘함에 결함이 있다는 것을 의미했다. 따라서 그들은 이런 조화의 결함을 꼭꼭 숨겨야 했고, 이것을 함부로 폭로하면 신의 노여움을 사게 될 터였다. 그래서 금기를 깬 첫번째 사람(히파소스였다고 한다)은 신의 벌을 받아 그가 탄 배가 난파(難破)하여 익사하는 운명을 면치 못했다고 한다.

18

피타고라스 학파에게 있어서 통약불가능한 양의 발견 이후의 역사는 그 괴상한 수와 싸우는 악전고투의 역사였다.

그들에게 있어서 수와 도형의 조화는 어떻게든 실현해야만 하는 꿈이었다. 게다가 앞 절에서 보인 정사각형 대각선의 통약불가능성에 대한 증명도 간접적인 것이었기 때문에 일부 사람들은 그 증명을 확실한 것으로 받아들이지 않았다. 그렇다면 그런 사람들 중 이 피타고라스의 정리에 내재하고 있는 문제를, 어떤 묘수(妙手)를 써서라도 타개해 보려는 사람이 있었다고 해도 억지 주장은 아닐 것이다.

어떤 학자는, 그리스인들이 $\sqrt{2}$의 근사값을 계속 계산했다는 것을 가지고 피타고라스 학파가 나름대로 타개책을 제시하려 했다는 가설을 주장하고 있다. 즉, 그리스인들은

$$\frac{2}{1}=\frac{8}{4}=\frac{18}{9}=\frac{32}{16}=\frac{50}{25}=\frac{72}{36}=\frac{98}{49}=\frac{128}{64}=\cdots$$

하는 식으로, 완전제곱수를 분모로 가진 분수로 2를 다양하게 표현하다 보면 분모가 충분히 커질 경우 언젠가는 분자도 완전제곱수인 것이 있고, 이것의 제곱근을 써서 $\sqrt{2}$를 분수로 나타낼 수 있지 않을까 하는 생각을 했었다는 것이다. 가령, 앞에 적은 여러 분수 중에서 $\frac{50}{25}$를 가져다가 분자를 50 대신 49로 바꾸면 그 제곱근은 $\frac{7}{5}$이 되고 이것은 $\sqrt{2}$의 근사값인 1.4이다. 이렇게 분모가 25일 때 이미 2와 가까운 완전제곱수 $\frac{49}{25}$를 찾을 수 있다는 것은, 2를 분모가 큰 분수의 꼴로 나타

냄으로써 $\sqrt{2}$에 해당하는 분수를 알아내자는 발상에 희망을 주었다.

산술 분야에서 나온 이런 발상은 기하학에서는 점의 크기를 아주 작은 것으로 보자는 시도로 나타났다. 즉, 선을 염주처럼 보는 데는 차이가 없으나, 아주 작은 구슬로 이루어진 염주로 보면, 정사각형의 대각선과 한 변의 길이의 비는 끝에 가서는 큰 자연수의 비가 될지도 모른다고 생각했다. 피타고라스 학파는, 비록 매우 작은 선분이나 매우 많은 점이라는 말이 아주 애매하지만 이렇게 애매모호한 지푸라기 같은 것이라도 실마리로 삼아 계속 찾다보면, 〈궁하면 통한다[窮卽通]〉라는 말 그대로, 문제를 해결할 길이 열릴 것이라는 한 가닥 희망을 안고 있었던 것은 아닐까?

19

피타고라스 학파의 필사적인 노력도 결국은 그들의 최후의 몸부림에 불과했다. 엘레아 사람 제논(기원전 490-430년경)에 의해 그들의 꿈은 무참히 깨지고 말았다. 제논의 역설이라는 것은 너무나도 유명한데, 이것을 정리하면 아래와 같다.

(1) 운동하는 물체는 그 종점 B에 이르기 전에 전체 경로 AB의

중점 C를 지나야 한다. 또 중점 C에 이르기 전에는 선분 AC의 중점 D를 지나야 한다. 이렇게 운동하는 물체는 한없이 많은 점을 지나야 한다. 그러므로 운동이라는 것은 있을 수 없다(그림 22).

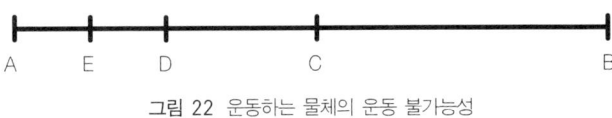

그림 22 운동하는 물체의 운동 불가능성

(2) 아킬레우스가 거북이를 쫓아간다고 하자. 아킬레우스가 거북이가 처음 있던 자리에 왔을 때는, 거북이는 이미 얼마간 앞으로 나아가서 조금 전보다 앞으로 나아간 지점에 가 있다. 아킬레우스가 이 지점에 도착했을 때는 거북은 다시 얼마간 앞으로 나아가 있다. 계속 이런 식이기 때문에 아킬레우스는 아무리 가도 거북을 잡지 못한다.

(3) 날아가고 있는 화살은 정지해 있다. 왜냐하면 화살이 어느 일정한 장소에 있기 위해선 그 장소에 정지해 있어야만 된다. 그런데 화살이 날아가기 위해서는 각 시점에서 일정한 장소에 있어야 된다. 따라서 화살은 운동하지 않는다.

(4) 〈그림 23〉처럼 평행을 이루고 있는 물체의 열(列)이 3개가 있다고 하자. 열 A는 정지해 있고, 열 B와 열 C는 화살표가 보여주듯이 서로 반대 방향으로 같은 속도의 운동을 시작했

다고 하자.

일정한 시간이 흐르면, [I]의 세 열은 [II]에서 볼 수 있는 위치에 도달할 것이다. 그때까지 B_1은 A_5, A_6, A_7, A_8 하는 식으로 A의 물체 4개를 통과할 것이다. 그런데 B_1은 동시에 C_1에서 C_8까지 C의 물체 8개를 지나야 한다. 따라서 B_1이 C 열 전체를 통과하는 시간은 A를 통과하는 시간의 2배가 걸릴 것이다. 그러나 B와 C도 [II]의 위치에 도달하는 데 걸리는 시간은 동일할 것이다. 고로 어떤 일정한 시간은 그 절반과 같다.

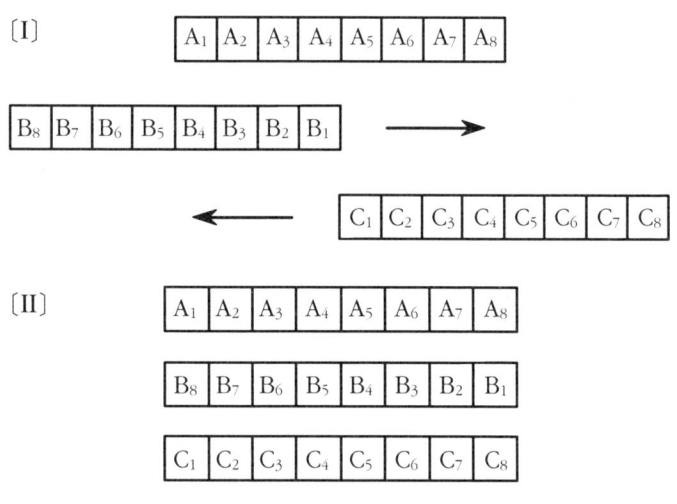

그림 23 평행 운동하는 물체들과 시간의 관계

20

 이 제논의 역설에 대해서는 예로부터 여러 가지 해석이 있어 왔다. 여러분 나름의 해석을 만들어 보는 것도 재미있겠지만, 내가 여기서 한 가지 해석을 해놓는 것도 나쁘지 않을 것 같다.

 유한직선인 선분이 있을 때, 그 중점은 자와 컴퍼스를 이용한 작도로 간단하게 구할 수 있다. 그런데 선분의 중점이 존재한다는 것을 인정하게 되면, 당연히 선분에는 무한히 많은 점이 있다는 것을 인정해야 한다. 즉, 선분이 엄청나게 많지만 유한한 점들로 이루어진다고 하는 피타고라스 학파의 생각을 부정해야만 한다.

 선분 AB가 무한히 많은 점으로 이루어져 있고, 그 점이 일정한 크기를 가져서 점을 통과하는 데 일정한 시간이 필요하다면, A에서 B까지 선분의 길이는 유한하지 않으며 A에서 B에 이르기 위해서는 무한히 많은 시간이 필요하다는 것이 역설 (1)의 의미이다.

 이 역설 (1)에 대해서는 점은 크기가 없으며, 시간 또한 크기가 없는 시간점(時間點)들이 모여서 이루어진 것이라는 대답을 할 수 있다. 선분 AB가 무한히 많은 점으로 이루어지지만, 그 점 하나하나에 대응하는 시간점이 길이가 없는 것이라면 A에서 B에 이르는 시간은 반드시 무한일 필요가 없어진다. 이렇게 점이 크기를 갖는다는 피타고라스 학파의 생각을 버림으로써 소극적이나마, 역설 (1)이 포함하고 있는 곤란한 문제를 해결할 수 있을 것으로 보인다.

21

제논은 시간이 겉으로 드러나지 않도록 말을 바꾼 역설(2)로 이 해석을 반박하고 다시 똑같은 문제를 제기한다. 아킬레우스가 도달한 거북이의 과거 위치에 대응하는 것은 그 시각이 아니라 그 시각의 거북이의 위치이다. 가령 아킬레우스나 거북이를 모두 점이라 생각하면, 이 양자의 위치 역시 모두 점으로 볼 수 있다. 역설 (1)의 문제를, 운동하는 물체가 갖는 위치와 이에 대응하는 시간점이 모두 크기가 없는 점이라고 생각함으로써 일단 해결한 줄 알고 있었는데, 이 역설 (2)를 마주하고 보면 이런 얄팍한 생각만으로는 이 문제를 도저히 해결할 수 없다는 것을 알게 된다.

수학자 중에는 다음과 같은 설명을 하는 사람도 있다. 즉, 예를 들어 경주를 시작했을 때의 아킬레우스와 거북이 사이의 거리를 1이라 하고, 아킬레우스가 거북이보다 10배 빠른 속도로 달린다고 하자. 아킬레우스가 당초 거북이가 있던 자리까지 갔을 때 거북이는 $\frac{1}{10}$ 전방에 나가 있다. 다음에 아킬레우스가 이 $\frac{1}{10}$의 거리를 달렸을 때는 거북이는 다시 $\frac{1}{100}$ 앞으로 나가 있다. 계속 마찬가지이므로 거북이가 나간 거리를 차례차례 더해 가면

$$1+\frac{1}{10^1}+\frac{1}{10^2}+\frac{1}{10^3}+\cdots$$

라는 무한등비급수가 된다. 그런데 이 무한급수는 합이 있으며 그 합이 $\frac{10}{9}$이므로, 아킬레우스가 1의 거리를 달리는 데 1시간이 걸린다면, $\frac{10}{9}$시간 후에는 아킬레우스가 확실하게 거북이를 따라잡는다.

사람들이 이 이야기를 듣고 아킬레우스가 거북이를 따라잡게 되는 이치를 과연 납득할 수 있을까? 생선을 달라고 했는데 뱀을 받은 것처럼 뭔가 이상하다는 생각을 하게 되지 않을까? 여러분은, 아킬레우스의 문제를 제대로 해결할 수 없는 것은 평범한 일상 언어를 써서 사고를 하기 때문이라고 생각할 수도 있다. 어떤 수학자는, 원래 이런 양(量)에 관한 문제는 양을 다루는 언어인 수학으로 풀어야 하기 때문에, 지금 설명한 무한급수를 사용하는 것이 문제를 해명하는 가장 올바른 고찰이고, 이것을 쓰면 이런 문제는 너무나 분명하게 설명된다고 주장하기도 한다. 하지만 불행하게도, 나는 그런 주장에 대범하게 만족할 만큼 낙천적인 사람이 아니다.

직선을 끊는다 141

22

역설 (2)로 역설 (1)에 대한 해석을 교묘하게 뒤집은 제논은, 역설 (3)에서 역설 (1)을 해석할 때 사용한 시간점에 관한 우리의 생각에 정면으로 일격을 가한다. 즉, 시간점을 점과 같은 것으로 보고, 각 시간점에 대응하는 화살의 위치를 생각해 보자. 각각의 시간점에 대응하는 화살의 위치에서 화살은 당연히 정지해 있을 것이다. 다시 말하면 시간의 한 점으로서 시간점을 생각하고 그 점에 대응하는 화살의 위치를 생각한다는 것은 그 위치에 화살이 정지해 있다고 하지 않고는 생각할 수 없는 일이다. 그러고 보면 화살이 그 위치에 정지하고 있는 이상, 작디작은 시간점이 아무리 모여 봤자 화살은 날아갈 수 없다. 그러나 현실에서 화살은 아주 잘 날아간다. 이것은 시간을 점의 집합으로 보는 게 잘못되어 있다는 것을 의미한다. 즉, 역설 (1)에 대한 해석은 그릇된 것이다.

제논은 역설 (4)에서 지금 말한 것을 더욱 또렷이 보여준다 (그림 24). 먼저 열 B가 운동해서 B_1이 A_4의 바로 아래에서 A_5의 바로 아래로 이동했다고 하자. 이와 동시에 A_5의 바로 아래에 있던 C_1은 A_4의 바로 아래에 온다고 하자. 이때 B_1과 C_1은 반드시 서로 스쳐 지나간다. 즉 B_1이 반드시 바로 위에 있다가 B_1은 A_5 아래로 C_1은 A_4 아래로 이동할 것이다.

지금 A, B, C,의 세 열을 형성하는 물체 A_1, A_2, ⋯, A_8과

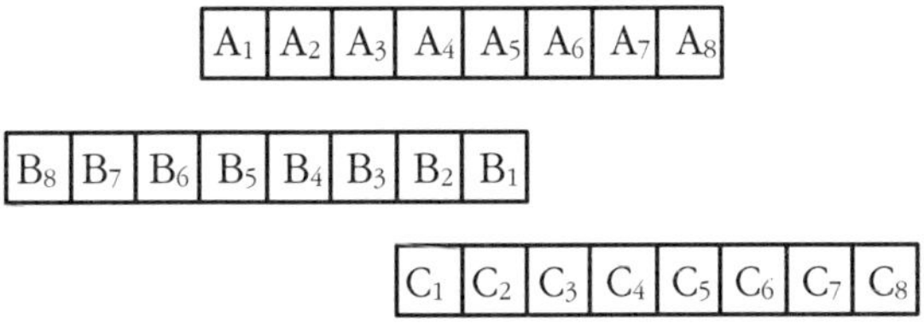

```
| A₁ | A₂ | A₃ | A₄ | A₅ | A₆ | A₇ | A₈ |
```
```
| B₈ | B₇ | B₆ | B₅ | B₄ | B₃ | B₂ | B₁ |
```
```
                    | C₁ | C₂ | C₃ | C₄ | C₅ | C₆ | C₇ | C₈ |
```

그림 24 제논의 네번째 역설

B_1, B_2, …, B_8, 그리고 C_1, C_2, …, C_8이 모두 점이라고 해보자. 그리고 B_1과 C_1이 자리를 옮기는 것은 순간(더 이상 분할할 수 없는 점과 같은 시간점)에 끝난다고 해보자. 그러면 B_1과 C_1은 스쳐 지나가지 않는다. 만약 스쳐 지나간다면, B_1이 A_4의 바로 아래에서 A_5의 바로 아래로 옮겨가는 순간 사이에 스쳐 지나가는 순간이 포함되는 꼴이 된다. 즉 더 작은 점으로 쪼갤 수 없다고 가정했던 시간점이 더 작게 쪼개지는 것이다. 이렇게 선과 시간을 크기가 없는 점이 모인 것이라고 생각함으로써 돌파구를 찾을 수 있을 것 같았던 역설 (1)은 여전히 미해결 문제로 남아 버리고 말았다.

23

앞에서 말한 제논의 역설에 대한 해석의 타당성은 아직 논의의 여지가 있다. 하긴 명확하게 해석할 수 없는 것이 역설의 역설다운 점인지도 모른다. 하지만 이 역설을 통해, 선은 크기가 있는 점들이 모여서 이루어졌다고 생각한 피타고라스 학파의 설 땅이 없어졌다.

이렇게 사람들은 점은 크기가 없는 것, 따라서 선은 폭이 없는 것, 나아가서 면은 두께가 없는 것이라고 생각하게 되었다. 피타고라스를 기하학을 학문으로 격상시킨 사람이라고 하지만, 그와 그 학파의 기하학은 여전히 소박한 직관에 매달린 감각적 기하학의 범위를 완전하게 벗어나지 못했다. 하지만 제논의 역설 덕택에 이런 소박한 기하학의 개념이 체로 걸러지게 되었다. 이 제논의 역설은 유클리드가 장대하고 미려한 기하학의 체계를 건설하는 계기가 되었다.

제논의 역설이 우리에게 일러 주고 있는 것은 이것만이 아니다. 제논의 역설은 시간을 단순한 시간점의 집적(集積)으로 볼 수 없다는 것을 명료하게 보여줌으로써 〈시간 문제〉에 엄청난 기여를 했다. 즉, 시간은 점의 집합이 아니라 연속적으로 흐르는 것임을 알게 되었고, 이제 문제는 연속이라는 게 대체 무엇이냐는 것으로 바뀌었다. 서양 철학사에서 오랫동안 다양한 형태로 자주 다루어졌고 오늘날까지도 논의가 끊이지 않는 시간 문제의 발원에는 이렇게 제논이 있다.

여기서 다시 한번 선의 문제로 되돌아가 보자. 선이 염주처럼 크기가 있는 점의 모임이라는 생각은 이미 버렸다. 하지만 선과 선이 만나는 경우를 생각해 보면, 만나는 자리는 점이다. 이것은 선이 점으로 되어 있다는 것을 보여준다. 기하학 체계를 건설하기 위해선 이것을 인정해야만 한다. 따라서 크기가 없는 점이 모여서 어떻게 길이를 가진 선이 될 수 있을까 하는 당연한 의문이 생길 수밖에 없다. 나중에는 이 문제를 선이 점의 운동을 통해서 만들어진다고 생각함으로써 해결할 수 있다고 하는 사람이 나타났다. 이것은 선의 개념을 시간 개념 안에 함께 엮어서 해석하자는 것인데, 시간이 어떤 것이냐는 문제가 해결되지 않는 한, 이런 발상으로 선의 정체를 파악하는 것은 어림도 없다. 다만, 이런 생각의 바탕에 선을 시간과 똑같이 연속적인 것으로 보자는 생각이 깔려 있다는 점에 관심을 가져야 한다.

24

이렇게 수학의 역사가 전개되고 있는 동안, 그리스는 그렇게 순탄하지 않은 역사적 변화를 경험하고 있었다.

기원전 6세기경부터 크게 융성한 동방의 페르시아 제국은 차츰 그 세력을 서쪽으로 뻗쳐서 먼저 리디아 제국을 쳐 없애고, 나아가 리디아 제국이 다스리던 이오니아의 여러 도시에 압력을 가하기 시작했다. 결국 기원전 500년 이오니아 여러

나라가 페르시아에 대해서 반란을 꾀한 것이 발단이 되어, 그리스는 모두 20년이 넘는 오랜 세월 동안 페르시아와의 전쟁에 휘말리게 되었다.

그리스 본토는 모두 두 차례에 걸쳐 페르시아 군대의 공격을 받았으나, 아테네와 스파르타가 하나로 뭉쳐 이 침략에 대응했다. 마라톤 전투(기원전 490년), 살라미스 해전(기원전 480년)에서 페르시아 군대를 격파한 그리스는 자신의 자유와 독립을 지키는 데 성공했다. 이 눈부신 승리를 가져온 공은 스파르타의 분전(奮戰)에도 있었지만 반 이상은 아테네 시민의 불굴의 노력 덕분이었다. 전쟁이 끝나자 아테네는 그 위세를 크게 떨치게 되었고, 그리스 여러 도시 중에서도 가장 부강한 나라가 되었다. 학문과 예술의 꽃 또한 찬연히 피어서 마침내 아테네는 페리클레스의 말처럼 〈헬라(그리스)의 학당〉이 되었다. 앞에서 말한 제논의 역설도, 제논이 그의 스승인 파르메니데스를 모시고 아테네에 갔을 때 발표한 것이라고 한다.

이 시대의 특징이라면, 학문이 공적인 생활의 무대에 등장하게 된 일이었다. 즉, 민주주의의 번영과 더불어, 정치에 야심을 가진 사람은 먼저 여러 가지 학문과 예술을 고루 익혀야 했다. 이런 경향은 자연히 돈을 받고 학문과 예술을 가르치기 위해 여러 도시를 찾아다니는 무리인 소피스트의 출현을 촉진하게 되었다.

최초의 소피스트였던 프로타고라스(기원전 480-411년)의 〈있는 것에 대해서도 없는 것에 대해서도 사람이 만물의 척도이다〉라는 유명한 말이 시사하듯이 소피스트는 인식의 주관성을 역설하고, 절대적 진리를 부정했으며, 나아가 윤리나 법 같은 것도 상대적 가치를 가질 뿐이라고 생각했다.

이런 소피스트들은 당연히 당시 그리스의 중심지인 아테네로 몰려들었다. 그리고 그들 중에는 히피아스(기원전 5세기경)나 안티폰(기원전 5세기경)처럼 당시 유행하던 수학 문제에 손을 대는 사람도 있었다. 이런 문제들에 대한 그들의 대담하고 자유분방한 방법은 소피스트들의 사상적 태도를 잘 보여주고 있다.

이 소피스트들과 대립한 소크라테스(기원전 470-399년)의 이름은 너무나 유명하다. 그는 소피스트들에 의해 오도된 청년들을 선량한 시민으로 이끌자는 뜻에서 소피스트들에 대항하여 객관적인 선(善)의 개념을 확립하려고 애썼다. 소크라테스 자신은 수학 자체에 흥미가 없었다고 하지만, 소크라테스가 만들어 낸 개념 정의(어떤 개념이 무엇인지 그 본질과 내용을 말하는 것)라는 방법은 후대의 수학 방법론에 커다란 영향을 주었다. 예를 들어서 유클리드 『기하학 원론』의 첫 장을 넘기면 점이나 직선 등에 대한 정의로 시작하는데, 이것도 소크라테스의 영향이라고 말할 수 있다.

소크라테스의 제자였던 플라톤은 스승과 달리 수학을 자신의 철학 속에 엮어 넣었다. 그의 대화편 『국가』나 『테아테토스』 등에서 수학에 관한 논의가 자주 나오는 것을 볼 수 있다. 플라톤이 그의 아카데미 입구에 〈기하학을 모르는 자는 들어오지 말 것〉이라고 써 붙였다고 하는 전설은, 그가 수학을 얼마나 존중했는지를 잘 보여준다. 나중에 언급하게 될 에우독소스(기원전 400년경, 정수론 발전에 기여)도 일찍이 플라톤의 강연(講筵)에 시좌(侍座)했었다고 한다.

25

그런데 아테네의 황금시대였던 기원전 5세기경부터, 특히 그리스인의 눈을 끈 일련의 기하학의 문제가 있었다. 즉,

1. 주어진 원과 같은 넓이를 갖는 정사각형을 작도하기.
2. 임의의 각을 삼등분하기.
3. 주어진 정육면체의 부피의 두 배 부피를 가진 정육면체를 작도하기.

이렇게 세 가지였다. 우리는 이것을 그리스 수학의 3대 작도 불능 문제라고 한다. 여기서는 다른 문제는 잠시 덮어

두고, 원의 넓이 문제인 첫번째 문제만을 생각해 보기로 하자.

앞서 말했듯이 원의 넓이 문제는 이미 이집트인의 주목을 받았고, 그들은 주어진 원의 넓이와 같은 넓이를 가진 정사각형을 만드는 연구를 했었다. 원래 이집트인이 계산해 낸 원주율 π의 값 $(\frac{16}{9})^2$은 근사값에 지나지 않는다. 그리고 그들의 방법으로는 결코 원의 넓이와 정확하게 같은 넓이를 갖는 정사각형을 작도할 수는 없었지만 실용을 중시하는 이집트인들에게는 이것만으로도 충분했다.

그러나 이런 방법은 그리스인의 이론적인 욕망을 채우기에 부족한 것이었다. 그들은 정확히 원과 넓이가 같은 정사각형을 구하려 했다. 뿐만 아니라 이것을 자와 컴퍼스만으로 작도해 보려고 했다.

누구나 알고 있듯이 평면기하학에서 작도 문제라고 하면, 오늘날에도 자와 컴퍼스만을 쓰는 것으로 되어 있다. 이것은 그리스 이래의 전통을 지키는 것인데, 이런 제한이 어떻게 만들어지게 되었는지에 대해서 조금 생각해 보자.

역사가인 플루타르크가 전하는 바에 따르면, 작도에 대한 이런 제한은 이미 플라톤의 시대(기원전 427-347년)부터 정식화되었다고 한다. 하지만 그리스인이 원 이외의 평면곡선을 몰랐던 것은 결코 아니다. 실제로 에리스 태생의 소피스트

히피아스는, 쿼드라트릭스 Quadratrix라고 불리는 특수한 곡선을 이용해 원의 넓이 문제나 각의 3등분 문제를 해결한 일도 있다. 그러나 그리스의 수학자들은 자와 컴퍼스 이외의 도구를 사용한 이런 곡선을 〈기계적 곡선〉이라 부르면서 이것을 〈기하학적 곡선〉과 엄격하게 구별해 기하학의 대상으로서 인정하려고 하지 않았다.

26

이런 경향에 대해서 데카르트(1596-1650년)는, 만일 기계적이라는 이유로 배척한다면 직선이나 원도 자나 컴퍼스라는 기계를 사용해서 그리는 것이므로 기하학의 범위 밖으로 몰아내야 할 것이라고, 과거를 향해 항의를 한 적이 있다. 그러나 이성적인 그리스인들이 이렇게 누구나 쉽게 생각할 수 있는 이치를 생각하지 못했던 것은 아니다. 그들이 이런 제한을 둔 데에는 역시 그럴 만한 이유가 있었다.

앞서도 말했듯이 이 즈음의 그리스 기하학은 피타고라스 시대의 소박한 감각적 기하학의 수준을 벗어나 있었다. 그리스인들은 이미 점은 크기가 없으며, 따라서 선도 폭이 없다는 생각을 갖고 있었다. 그러나 현실적으로 눈에 보이는 점이나 선은 모두 크기가 있으며, 또 폭이 있는 것뿐이었다. 이렇게 눈에 보이는 점이나 선과는 달리 이상적인 점이나 선으로 만들어진 도형을 생각해야 할 때나, 어떤 도형이 존재하고 어떤 도형이 존재하지 않는가를 정할 때 어떤 기준이 필요하고 그것을 찾아야 한다고 생각하게 되는 것은 자연스런 일이다.

예를 들어 어떤 조건을 만족하는 자취인 곡선을, 실제 기계(도구)를 사용해서 종이 위에 그린다고 해보자. 단순하고 감각적인 의미에서 이런 곡선은 분명히 존재한다. 그러나 이렇게 그려진 곡선에는 폭이 있기 때문에 진정한 의미의 곡선이라고 말하기는 어렵다. 그들은 이런 의문을 가졌다. 우리는 이렇게 볼품없는 모상을 그릴 수밖에 없으나, 실제로 폭이 없는 참된 곡선은 과연 존재하는 것일까? 그리스인들은 확실한 기초 위에 서 있는 기하학이 참되고 이상적인 곡선의 존재 여부를 결정할 수 있을 것이라고 생각했다. 그리스인들은 이런 기하학의 기초를 직선과 원을 바탕으로 세우려고 했던 것이다.

다시 말하면, 그리스인들이 자와 컴퍼스만으로 작도를 제한한 것은 도형의 존재 문제를 해결하기 위해서였다. 그들은 자와 컴퍼스를 이용해 작도할 수 있는 것만을 존재하는 것으로 간주함으로써 이 문제를 해결했다. 따라서 이것은 자와 컴퍼스라는 도구를 사용한다는 것이 중요한 게 아니다. 우리는 〈한 점에서 다른 한 점까지 언제나 직선을 그릴 수 있다〉

와 〈임의의 점을 중심으로 임의의 반지름을 가진 원을 항상 그릴 수 있다〉는 유클리드의 요청(공리)이 가진 의미를 이해해야만 할 것이다.

직선은 빛의 경로처럼 우리 주위에서 볼 수 있는 가장 간단한 도형이며, 또 원은 그리스인들이 천체 궤도의 모양과 같은 가장 아름답고 가장 완전한 것으로 생각한 도형이었기 때문에, 이 두 가지 존재를 처음부터 허용한 것은 별다른 이의(異議)가 없다고 치자. 그렇다면 존재하는 선의 범위를 특별히 직선과 원 두 가지로 한정하고, 다른 모든 곡선을 배제한 것은 무엇 때문일까? 여러분은 여기서 정사각형의 대각선이 불러 일으켰던 혼란을 기억할 수 있을 것이다. 즉, 그리스인들은 자와 컴퍼스만을 사용하는 작도에서도 이런 소름끼치는 통약불가능한 양의 출현을 보았다. 만일 이 이상의 기하학적 도형이 존재한다고 용인한다면 한층 더 고약하고 이상야릇한 양이 등장하지 않을 것이라는 보장을 누가 할 수 있을까? 그리스인들은 암암리에 이런 공포에 지배당하고 있었던 것 같다.

그런데 역설적인 이야기이지만, 이렇게 자신들이 한정한 범위 안에서 안도의 한숨을 쉬고 있던 그리스인들은 자신들의 기하학 체계에 $\sqrt{2}$와는 비교할 수도 없는 괴상한 양이 숨어 있다는 것을 꿈에도 몰랐다. 이 괴상한 양이란 바로 우리에게 친근한 지름 1인 원의 둘레를 나타내는 원주율 π다. 이 π의 정체가 밝혀지기까지는 무려 2천여 년의 세월이 흘러야 했다.

27

이상과 같은 경위를 되돌아보면, 원과 같은 넓이를 갖는 정사각형을 작도하는 문제에 그리스인이 3세기에 걸친 비상한 노력을 기울인 것은 너무나 자연스러운 일이라 할 수 있다. 그들이 쏟은 노력의 흔적을 대강 되짚어 보자.

그리스인들도 주어진 다각형과 넓이가 같은 정사각형을 작도하는 방법을 잘 알고 있었다. 즉, 〈그림 25〉와 같은 방법으로 먼저 주어진 다각형과 넓이가 같고 변의 수가 하나 적은 다각형을 만든다. 그런 다음, 이 새로운 다각형보다 변의 수가 하나 적은 같은 넓이의 다각형을 또 만든다. 이런 절차를 계속 밟아 가면 마침내 삼각형에 이른다. 삼각형이라면, 이것과 같은 넓이를 가진 직사각형을 그릴 수 있으며, 또 직사각형과

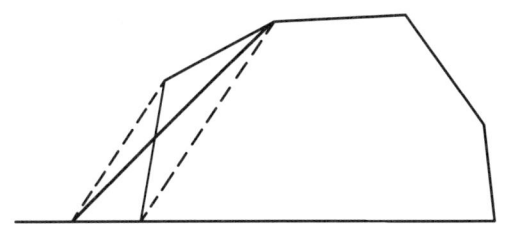

그림 25 다각형을 삼각형으로 작도하는 방법

같은 넓이를 가진 정사각형을 그리는 것은 직사각형의 서로 이웃하는 두 변의 길이의 비례중항을 구하는 간단한 작도에 불과하다는 것은 여러분도 잘 알고 있을 것이다.

이 방법에서, 주어진 원과 넓이가 같은 다각형을 그리는 문제를 해결할 수 있는 아이디어를 얻어 이 문제의 해결에 나선 사람이 있었는데, 소크라테스와 같은 시대를 살았던 아테네 태생의 소피스트 안티폰이었다. 안티폰의 방법을 요약하면 〈그림 26〉과 같다.

우선 원에 내접하는 정사각형을 그린다. 다음에 이 정사각형의 각 변을 밑변으로 삼고, 원둘레 위에 꼭지점을 갖는 이등변삼각형을 그려서, 원에 내접하는 정팔각형을 만든다. 다시 이 정팔각형의 각 변을 밑변으로 삼고 원둘레 위에 꼭지점을 갖는 이등변삼각형을 그리면 이번에는 정십육각형이 생긴다. 이런 식으로 원 안에 내접정다각형을 계속 만들어 가면, 이 내접정다각형의 넓이가 점점 넓어져 언젠가는 원을 완전히 내접정다각형으로 꽉 채우게 된다. 이때 만들어진 정

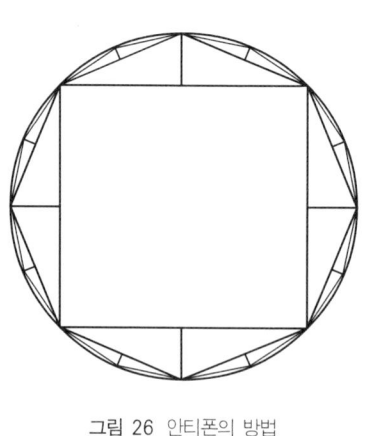

그림 26 안티폰의 방법

다각형의 각 변은 충분히 작아지기 때문에 정다각형의 둘레와 원은 거의 일치한다고 생각할 수 있다.

금방 알 수 있듯이, 이 생각은 원을 아주 작은 선분이 모인 것으로 보는 것인데, 이것은 앞에서 말한 것처럼 받아들일 수 없는 것이다. 그러나 이 방법은 앞서 잠깐 언급한 히피아스의 방법처럼 특수한 곡선을 사용하는 것과 달리, 원의 넓이를 다각형의 넓이를 써서 근사값을 구해 보자는 것이다. 이런 의미에서 이 방법은 원의 넓이 문제를 해결하기 위한 이후의 노력에 중요한 지표를 제공했다.

28

안티폰보다 조금 후대 사람인 브리슨이 고안한 다음의 방법은 앞서 보인 것을 다시 한걸음 진전시킨 것이다.

〈그림 27〉처럼 원에 내접하는 정다각형을 만듦과 동시에 원에 외접하는 정다각형을 만들면, 원의 넓이는 임의의 외접정다각형의 넓이보다 작고 임의의 내접정다각형의 넓이보다 크다. 따라서 지금 한 쌍의 외접정다각형과 내접정다각형을 잡고 그 사이에 들어갈 다각형을 그리면, 이 다각형의 넓이는 원의 넓이와 일치할 것이 틀림없다는 게 브리슨의 주장이었다.

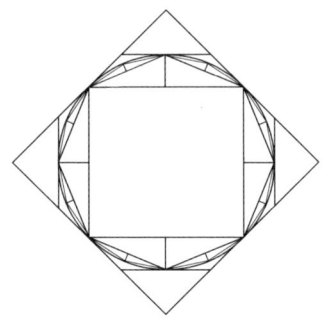

그림 27 브리슨의 방법

이 주장에 대해서 반론이 제기되는 것은 당연하다. 예를 들어 7은 9보다 작고 6보다 크다. 또 8도 9보다 작고 6보다 크다. 그러나 이로부터 7과 8이 같다고 결론을 내리는 것은 명백한 오류다. 브리슨의 방법은 이와 똑같은 오류를 범하고 있다.

다만 브리슨의 생각을 조금 바꾸면 어떨까? 즉 외접정다각형과 내접정다각형이 가진 변의 개수를 아무리 늘려도, 원의 넓이는 전자의 넓이와 후자의 넓이의 중간에 있는 것은 언제나 변함이 없다. 더구나 변의 수를 늘여 가면 전자의 넓이와 후자의 넓이의 차는 계속 줄어든다. 좀더 정확하게 말을 하면, 임의의 작은 양수를 잡고, 변의 수가 적당하게 많은 원의 외접정다각형과 내접정다각형을 만든다고 생각해 보자. 이 둘의 변의 수를 적당하게 조절하면 두 다각형의 넓이의 차가 앞서 잡은 양수보다 작아지게 할 수가 있다. 그렇다면 원이 이런 두 종류의 정다각형의 중간에 있는 이상, 변의 수가 아주 많은 외접정다각형과 내접정다각형을 만들면, 양자의 넓이 모두 원의 넓이와 아주 가까운 것이 된다. 즉, 원의 넓이와 아주 가까운 값을 계산해 낼 수가 있다.

앞서 말한 안티폰이 제안한 방법의 취지는, 내접정다각형의 변의 수를 점차 늘여가기만 하면, 원의 넓이와 내접정다각형의 넓이의 차가 아주 작아진다는 데 있었다. 그러나 원의 넓이와 정다각형의 넓이의 차라고는 해도 원의 넓이를 모르고 있는 한 이것만으로는 그렇게 명확한 의미를 갖는 방법이라고 할 수는 없다. 앞서 말한 것처럼 외접정다각형을 함께 사용하는 방법은 안티폰의 방법의 결함을 멋지게 보강하는 것처럼 보였다.

또 시라쿠사의 아르키메데스(기원전 287-212년)가 비슷한 방법으로 지름이 1인 원의 둘레(원주율)의 근사값을 계산해냈다. 즉, 아르키메데스는 외접정구십육각형과 내접정구십육각형의 둘레를 계산해서 원주율이 $3\frac{1}{7}$과 $3\frac{10}{71}$ 사이에 있음을 알아냈다.

29

그리스인들의 눈물겨운 노력에도 불구하고, 원과 같은 넓이를 가진 정사각형을 자와 컴퍼스만으로 작도하려는 시도는 결국 실패로 끝났다. 26절에서 언급한 작도를 컴퍼스와 자로 제한한 의미를 생각할 때, 이것은 주어진 원과 넓이가 같은 정사각형이 존재하는지 아닌지를 말할 수 없다는 것을 의미한다. 그렇다면 이런 정사각형은 과연 존재하지 않는 것일까?

이 문제를 검토하기 위해 지금까지와는 전혀 다른 관점에서 이 문제를 바라보자. 우선 〈그림 28〉처럼 주어진 원의 중심 둘레에 아주 작은 정사각형 ABCD를 그리자. 그리고 이 정사각형의 각 변이 같은 비율로 커져서 정사각형 A′B′C′D′로 커진 경우를 생각해 보자. 분명 정사각형 ABCD의 넓이는 원보다 작고, 정사각형 A′B′C′D′의 넓이는 원보다 크므로 이렇게 정사각형의 넓이가 커지는 도중에 틀림없이 정사각형의 넓이가 원의 넓이와 꼭 같아지는 순간이 있을 것이다. 그렇다면 작도할 수 있냐 없냐의 문제는 잠시 접어놓고, 어쨌거나 우리가 구하는 정사각형이 존재하는 것만은 확실하다고 할 수 있다.

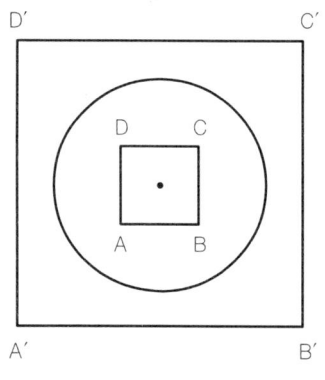

그림 28 원과 같은 면적을 갖는 사각형의 존재 가능성

그러나 이런 결론을 이끌어내려면, 아직 다음과 같은 반론이 제기될 여지를 고려해야 한다. 즉 정사각형의 넓이가 커지는 과정에서 정사각형의 넓이가 원의 넓이보다 작은 동안은 순조롭게 커지지만, 심술궂게도 원과 넓이가 같아지는 상태만 껑충 뛰어넘어서 단번에

원의 넓이보다 조금 더 큰 정사각형이 되고 말 수도 있다는 반론을 고려해야 한다. 이런 반론에 대해서 〈사각형의 확장이 연속적으로 이루어지는 이상 그런 일은 있을 수 없다〉라는 답을 내놓는 사람도 있을 수 있다. 그러나 그 사람은 여기서 말하는 〈연속적〉이란 말의 의미를 설명해야만 한다. 이것을 다만 〈비약이 없다〉라는 의미로 설명한다면, 단순한 동어반복에 불과하다는 비난을 면할 수 없다.

이 문제를 근본적으로 검토하기 위해서는, 잠시 우리가 피타고라스 시대에 태어나서 통약불가능한 양의 존재 같은 것은 꿈에도 생각 못하는 처지라고 가정해 보는 게 지름길이다. 즉, 우리는 모두 통약가능한 선만을 다루고 있다고 해보자. 그렇게 되면 처음 정사각형 ABCD와 마지막 정사각형 A′B′C′D′는 물론이고 그 중간에 있는 정사각형도 모두 그 넓이를 분수(자연수도 포함해서)로 나타낼 수 있는 것만을 고려의 대상에 넣게 된다. 우리가 알고 있는 정사각형은 이런 것뿐이므로 우리는 이런 확장, 즉 분수 안에서의 확장을 응당 연속적인 확장으로 생각할 것이다. 이때 만일 원의 넓이가 분수로 나타낼 수 없는 것일 때는 어떻게 될까? 정사각형의 성장은 연속적인데도 불구하고 원과 넓이가 같은 정사각형은 그 확장 과정에서 결코 나타나지 않는다는 모순된 주장을 해야 될 것이다. 이 가상 사례를 통해 분명하게 알 수 있듯이 〈연속적〉이라는 말 하나로 경솔하게 문제를 처리해 버리는 것은 위험하다.

그렇다면 〈연속〉이란 무엇을 의미하는가? 이것을 철저하게 구명하자면, 시간의 흐름이라는 문제와 결부되기 때문에 매우 심원하고 매우 난해한 문제가 된다. 우리는 뒤에 가서 현대 수학이 〈연속〉을 어떻게 생각해 왔는지 간단하게 훑어볼 것이다.

30

연속의 문제로 넘어가기 전에 그리스인이 통약불가능한 양을 어떻게 처리했는지를 먼저 말해 두어야 할 것 같다. 통약불가능한 양에 직면해서, 그들이 선택할 수 있는 길이라고 해봐야 다음과 같이 두 가지밖에 없었다. 즉, 지금까지 가지고 있던 수의 개념을 확장해서, 오늘날의 수학이 그런 것처럼 산술의 세계와 기하학의 세계를 완전히 통합하거나, 아니면 이 두 학문의 통합을 포기하고, 산술 옆에 기하학적인 양을 다루는 새로운 연구 분야를 설치하거나 하는 두 가지 길 중 어느 하나를 택해야만 했다. 그런데 자연수를, 나아가서는 자연수의 비인 분수만을 대상으로 하면서, 이런 수 사이에서 볼 수 있는 아름다운 조화를 연구하는 학문으로서의 산술은 피타고라스 학파뿐만 아니라 모든 그리스인에게는 너무나도 매력적인 것이었다. 그러고 보면 그들이 제1의 길을 택하지 않고, 용감히 제2의 길로 나아간 것도 어쩔 수 없었던 것이라고 해야 할 것 같다.

통약불가능한 무리수의 출현은 사람들로 하여금 임의의 두 선분의 길이의 비를 어떻게 다루어야 할 것인지 방향을 잡지 못하고 우왕좌왕하게 만들었다. 이 난국을 타개하려고, 모든 선분을 다룰 수 있게 해주는 비례론을 세운 이가 바로 플라톤의 제자이자 수학에 관해서는 플라톤의 스승이었다는 에우독소스였다.

에우독소스는 네 개의 양 A, B, C, D가 있을 때 A와 B의 비가 C와 D의 비와 같다는 것을 결정할 때 사용할 수 있는 다음과 같은 요령을 고안했다. 즉 A와 C를 동수배, 예를 들어 m배, 또 B와 D를 동수배, 예를 들어 n배 했을 때(m, n 모두 자연수) 언제나

$mA > nB$ 이면 반드시 $mC > nD$,

$mA = nB$ 이면 반드시 $mC = nD$,

$mA < nB$ 이면 반드시 $mC < nD$

라는 관계가 성립되면, A와 B의 비는 C와 D의 비와 같다. 즉,

$A:B = C:D$

라는 식으로 쓸 수 있다.

주어진 선분의 정수배의 길이를 갖는 선분을 작도하는 것은 쉬운 일이고, 또 두 선분의 길이의 대소는 그 길이 각각을 나타내는 수를 쓰지 않고도 비교해 보면 바로 결정할 수 있으므로 에우독소스의 이 비례에 대한 정의는 충분한 기하학적 근거가 있는 것이었다. 이렇게 해서 아무리 애써도 같은 선분의 정수배 길이로는 생각할 수 없었던 두 선분의 비도 아무런 이론적 어려움 없이 다룰 수 있는 길이 열렸다. 유클리드의 『기하학 원론』에 전개되어 있는 비례 이론은 바로 에우독소스의 이론을 소개하고 있는 것에 지나지 않는다.

31

유클리드의 『기하학 원론』은 오늘날까지도 수학의 고전 중 하나로서 불후의 가치를 가지고 있다. 오늘날까지도 영국에서는 이 책을 그대로 교과서로 사용하고 있다고 한다. 그렇지만 수와 기하학적 양을 엄격하게 구별해서 완전히 별개의 것으로 다루려는 입장은 도저히 오랫동안 유지될 수 있는 성질의 것이 아니었다.

특히 유럽에 아라비아의 대수학이 유입된 이후로는 방정식 연구 등의 진전과 더불어, 자연수와 분수 말고도 음의 정수 및

음의 분수와 함께 제곱근과 세제곱근 등을 수로 인정하고 자유로이 다루자는 경향이 필연적으로 형성되었다. 다만 아라비아인은 그리스인처럼 이론적 결벽증의 소유자가 아니었기 때문에 이런 것을 수로 볼 때 어떤 이론적 기초가 필요한지 많은 고려를 하지 않았다. 그러나 어떻게 보면, 이론적인 측면에 관해서 아라비아인들이 둔감했다는 것이 유독 아라비아에서 대수학이 남달리 발달한 이유였는지도 모른다.

세월이 흘러서 17세기가 되자 먼저 데카르트가 해석기하학을 창안해 냈고, 이어서 뉴턴과 라이프니츠가 미적분학을 내놓았다. 그리고 이 미적분학의 발달은, 통일성이 없던 그때까지의 수에 대한 견해의 재검토를 요구했다.

여기서 미적분학이 어떤 것인지 자세하게 설명할 여유는 없지만, 한마디로 말하면 미분학은 연속적으로 변화하는 두 양 사이의 변화의 비율을 고찰하는 학문이다. 또 적분학은 28절에서 설명한 원의 넓이 계산법을 일반화한 것이다. 이렇게 미적분학을 제대로 이해하기 위해선 싫어도 연속적인 변화란 무엇인지 확고하게 해결해 놓고 덤비지 않으면 안 된다.

그런데 어떤 양의 연속적 변화 중에서 가장 손쉽게 생각할 수 있는 것은, 직선 위를 점이 움직일 때 그 점과 기준이 되는 특정한 점 사이의 거리가 변화하는 것이다. 이런 변화를 연속적이라고 생각하면, 응당 직선 자체가 〈연속체〉를 형성하고 있다는 것을 전제로 삼아야 한다. 그렇다면 여기서 〈연속〉이라는 개념을 중심으로 우리가 표현하려는 직선의 본질이 무엇인지 검토해 보자.

32

직선의 연속성을 생각하려면, 다음 〈그림 29〉와 같은 준비를 한 다음에 시작하는 것이 편리하다.

우선 직선 위에 한 점 O를 잡고 이것을 기준점으로 삼아 점 O의 오른쪽에 있으면서 점 O에서 단위 길이(예를 들어 1센티미터)의 거리에 있는 점, 또 단위 길이의 정수배만큼의 자리에 있는 점을 각각 1, 2, 3, …으로 나타내자. 같은 방식으로 점 O의 왼쪽에 있고 점 O로부터의 거리가 단위 길이인 점, 또 그 정수배의 위치에 있는 점을 차례로 −1, −2, −3, …으로 나타내자.

그리고 마찬가지의 요령으로 직선 위에 점 O로부터의 거리와 단위 길이의 비율을 분수로 나타낼 수 있는 점을 분수로 나타내자. 다만 그 점이 점 O의 오른쪽에 있을 때는 분수를

$-3 \quad -2 \;\; -\frac{3}{2} \;\; -1 \quad\quad 0 \quad\quad 1 \;\; \frac{3}{2} \;\; 2 \quad\quad 3$

그림 29 수직선

그대로 사용하지만, 왼쪽에 있을 때는 분수 앞에 마이너스 기호를 붙인다. 이렇게 해서 직선 위에 점 O로부터의 거리가 단위 길이의 정수배 또는 분수배 자리에 위치한 모든 점을 표시하고 이런 점을 통틀어서 유리점(有理點)이라고 부르기로 하자.

이렇게 하고 나서, 직선이 연속이라는 게 어떤 의미인지를 생각해 보자. 자칫하면 이것을 〈직선 위의 아무리 가까운 두 점을 잡아도 이 두 점 사이에는 또다른 점이 존재한다〉는 의미로 해석할 수 있는데, 이것만으로는 연속체의 본질을 전혀 보여주지 못한다. 실제로 이 성질만이라면 지금 설명한 유리점만으로 이미 그 성질이 충족된다. 즉 임의의 두 유리점을 잡고 이 두 점을 a와 b로 나타낸다고 할 때, 이 두 점 사이에는 $\frac{a+b}{2}$로 표시되는 중점이 반드시 존재한다. 또 a와 b는 정수이거나 분수인 이상 $\frac{a+b}{2}$도 정수이거나 분수이며, 따라서 이 중점 또한 유리점이다.

그런데 직선 위의 점이 유리점만이라면 우리가 요구하는 연속성이 충족되지 않음은 29절에서 설명했다. 따라서 아무래도 위 설명만으로는 직선의 연속성의 본질을 충분하게 설명했다고 할 수 없을 것 같다.

33

 독일의 수학자 데데킨트는 이 연속성의 본질을 다음과 같이 설명했다(1858년 11월 24일). 〈직선이 연속이라는 말은 직선을 둘로 끊을 때, 그 경계에 점이 있으며, 오직 하나뿐이라는 의미다.〉 이 말을 좀더 자세하게 설명해 보자.

 직선을 둘로 끊는다는 말은, 직선 위의 모든 점을 두 개의 집합 $\mathfrak{A}_1$과 $\mathfrak{A}_2$로 갈라놓고, 왼쪽 집합 $\mathfrak{A}_1$에 속하는 점은 오른쪽 집합 $\mathfrak{A}_2$에 속하는 어떤 점보다도 항상 왼쪽에 있는 것으로 하자. 이때 〈경계가 되는 점이 있으며 오직 하나〉뿐이라는 조건의 의미는 다음과 같은 것이다. 이 경계가 되는 점도 직선 위의 점인 이상 $\mathfrak{A}_1$ 아니면 $\mathfrak{A}_2$ 중의 어느 한쪽에 속해야 한다. 이 점이 $\mathfrak{A}_1$에 속한다면 $\mathfrak{A}_1$의 오른쪽 끝점이 되는 셈이고, 따라서 $\mathfrak{A}_2$에는 왼쪽 끝점이 없는 게 된다. 또 이것이 $\mathfrak{A}_2$에 속한다면 이는 $\mathfrak{A}_2$의 왼쪽 끝점이 되며, $\mathfrak{A}_1$에는 오른쪽 끝점이 없어지게 된다. 데데킨트는 이런 것을 가리켜서 〈연속성의 본질〉이라고 불렀다. 바꿔 말하면, 직선이 연속이라는 것은 $\mathfrak{A}_1$이 오른쪽 끝점을 갖게 되면 동시에 $\mathfrak{A}_2$가 다른 왼쪽 끝점을 갖지 않으며, 또 $\mathfrak{A}_1$이 오른쪽 끝점을 갖지 않게 되면 동시에 $\mathfrak{A}_2$가 반드시 왼쪽 끝점을 갖게 된다는 것을 의미한다.

 지금 이 의미를 잘 이해하기 위해서 시험 삼아 직선 위에서 정수로 표시되는 점만을 모아서 앞에서처럼 좌우 두 집합으로 끊어 보자. 이렇게 하면 왼쪽 집합은 반드시 오른쪽 끝점을 가지는 동시에 오른쪽 집합도 왼쪽 집합의 오른쪽 끝점과는 다른 왼쪽 끝점을 갖는다. 즉, 정수점만으로 이루어진 직선은 데데킨트가 말하는 연속체일 수 없다.

이번에는 직선 위의 유리점 전부를 모아서 이것을 좌우 두 집합으로 끊는다. 유리점으로 이루어진 직선의 경우, 왼쪽 집합이 오른쪽 끝점을 가지면 오른쪽 집합은 왼쪽 끝점을 가질 수는 없다. 그 까닭은 유리점으로 이루어진 직선을 두 집합이 모두 끝점을 가질 수 있게 끊을 수 있다고 하면, 양쪽에 있는 어느 집합에도 속하지 않는, 왼쪽 끝점과 오른쪽 끝점 사이에 중점이 반드시 존재하기 때문이다. 이것은 처음에 직선을 좌우 두 집합으로 끊었다는 사실과 모순이다. 그러나 한쪽 집합은 끝을 가지고 다른쪽 집합은 끝을 가지지 않는 집합을 만드는 것은 얼마든지 가능하다. 예를 들어 5보다 큰 수로 표시되는 유리점 전부를 오른쪽 집합으로 하면, 오른쪽 집합은 왼쪽 끝점을 가지지 못한다. 그리고 왼쪽 집합의 오른쪽 끝점은 바로 5가 될 것이다. 이때 왼쪽 집합에서 5를 빼내서 이것을 오른쪽 집합으로 가지고 가면, 이번에는 왼쪽 집합은 오른쪽 끝점을 가지지 못하고 오른쪽 집합은 왼쪽 끝점(즉 5)을 가지는 집합이 된다. 그런데 만일 유리점 안의 집합이 늘 이렇게만 편성된다면 유리점 전체가 데데킨트가 말하는 연속체를 이루고 있다고 할 수 있겠지만, 실제로는 유리점의 집합 중에는 오른쪽 집합에 왼쪽 끝점이 없고 왼쪽 집합에도 오른쪽 끝점이 없는 경우가 있다. 다음 예를 보자.

오른쪽 집합 $\mathfrak{A}_2$를, 제곱했을 때 2보다 큰, 즉 부등식

$$x^2 > 2$$

를 만족하는 모든 양의 정수 또는 분수 x로 표시되는 유리점의 집합으로 정의하고, 나머지 모든 유리점의 집합을 왼쪽 집합 $\mathfrak{A}_1$으로 정의해 보자. 우선 명백한 것은 오른쪽 집합 $\mathfrak{A}_2$에 왼쪽 끝점이 없다는 사실이다. 이것은 오른쪽 집합 $\mathfrak{A}_2$에 속하는 임의의 수를 제곱하면 항상 2보다 크기 때문에 이런 임의의 수를 잡았을 때 이것보다 좀 작으면서도 그 제곱이 2보다 큰 수(양의 정수 또는 분수)를 찾아낼 수 있기 때문이다. 이것은 바로 오른쪽 집합 $\mathfrak{A}_2$에 속하는 어떤 유리점도 그 왼쪽 끝점이 될 수 없다는 것을 의미한다. 그리고 앞에서 말한 것처럼, 정수 또는 분수 중에는 그 제곱이 2가 되는 것이 없다는 것을 생각해 보면 왼쪽 집합 $\mathfrak{A}_1$의 유리점 중 기준점 O의 오른쪽에 있는 것의 제곱은 모두 2보다 작을 것이다. 그리고 보면 오른쪽 집합 $\mathfrak{A}_2$의 경우와 마찬가지로 왼쪽 집합 $\mathfrak{A}_1$에도 오른쪽 끝점이 없다는 것은 명백하다.

34

데데킨트는, 지금 설명한 왼쪽 집합에 오른쪽 끝점이 없으며 오른쪽 집합에도 왼쪽 끝점이 없는 유리점의 집합 구성은, 직선 좌우에 있는 두 집합의 사이에 점이 꼭 하나 있는 것으로 생각했다(앞 절의 경우에 $\sqrt{2}$로 표시되어야 할 점이 바로 그것이다). 즉 이것으로 유리점만으로는 연속된 직선을 만들 수 없으며 빈자리가 여전히 남아 있다는 것을 알게 되었다. 그리고 이 빈자리들을 마저 채워야만 비로소 연속된 직선을 만들 수 있다. 실제로 이렇게 빈틈없이 채워나가면, 데데킨트가 정의한 연속된 직선을 만들 수 있다. 그리고 이것을 비교적 쉽게 증명할 수 있다.

이 증명은 여기서는 일단 넘어가기로 하고, 이제부터는 유리점이 아닌 직선상의 점과 O와의 거리도 수로 여기고, 그 점이 O의 오른쪽에 있느냐 왼쪽에 있느냐에 따라서 양수 또는 음수인 것으로 약속하자. 이 새로운 수를 무리수라고 부르기로 하고, 유리점을 나타내는 수를 유리수라 부르기로 하자. 유리수와 무리수를 총칭한 것, 즉 직선 위의 모든 점에 대응하는 수를 총칭한 것이 바로 실수(實數)이다(1부 「영의 발견」 29절 참조). 또 오른쪽에 있는 점이 크다는 방침을 정해 실수의 대소를 결정하기로 한다.

35

 이상으로 직선의 연속성, 즉 실수 전체의 연속성을 그런 대로 이해한 것으로 치고, 여기서는 보다 앞에서 말했던 이야기로 잠시 되돌아가 보기로 하자.

 28절에서 브리슨의 방법을 설명하면서, 원에 외접하는 정다각형의 넓이와 내접하는 정다각형의 넓이를 알아냄으로써 그 원의 실제 넓이와 아주 가까운 근사값을 계산할 수 있다고 했다. 이것을 데데킨트의 관점에 근거해 이해하면 다음과 같다. 즉 외접정다각형의 넓이 중의 어느 것보다도 작은 실수 전체의 집합을 $\mathfrak{A}_1$으로 하고, 나머지 실수 전체의 집합을 $\mathfrak{A}_2$라 해보자. 그러면 $\mathfrak{A}_1$에 최대값이 있거나, $\mathfrak{A}_2$에 최소값이 있거나 하는 두 가지 경우 중의 하나일 것이다. 그런데 $\mathfrak{A}_2$에 속하는 실수는 어떤 외접정다각형의 넓이와 같거나 아니면 이보다 크기 때문에, 그 외접정다각형보다 변의 수가 많은 외접정다각형의 넓이를 나타내는 수는 $\mathfrak{A}_2$에 속한다. 게다가 앞의 실수보다 작다. 따라서 $\mathfrak{A}_2$에는 최소값이 있을 수 없다. 즉 $\mathfrak{A}_1$이 최대값을 가지고 있어야 한다. 이 $\mathfrak{A}_1$에 속하는 수 중에서 가장 큰 최대값이 바로 원의 넓이인 것이다.

 이것은 또 이렇게 생각할 수도 있다. 즉, 내접정다각형의 넓이 중 어떤 넓이보다도 큰 실수 전체의 집합을 $\mathfrak{B}_2$라 하고 나머지 실수 전체의 집합을 $\mathfrak{B}_1$으로 나타낸다. 그러고 보면 $\mathfrak{B}_1$은 최대값을 가지지 않고, $\mathbb{B}_2$는 최소값을 가지게 된다. 이것이 바로 원의 넓이인데, 이 값이 앞서 구한 값과 일치하는 것은 변의 수를 늘여감에 따라 외접정다각형과 내접정다각형의 넓이의 차가 아주 작아지기 때문이다.

36

28절 끝에서 아르키메데스가 원주의 길이를 계산한 이야기를 좀 했기 때문에 여기서는 일반 곡선의 길이를 구하는 계산에 대해서 한마디 하겠다.

곡선의 길이를 재는 가장 원시적인 방법은 가느다란 실을 곡선에 겹친 다음 이것을 펴서 그 길이를 자로 재는 방법일 것이다. 이것은 실제로 흔하게 쓰이는 방법이지만, 이때 실을 곡선 위에 겹쳐 놓았을 때나 폈을 때 실이 늘고 줄고 하면 문제가 된다. 늘지도 줄지도 않는 실을 쓴다고 말해 버리면 뭐라 할 말이 없지만, 실이 늘거나 주는 일이 없다는 것을 어떻게 단정할 수 있을까? 곡선에 겹쳤을 때와 곧게 폈을 때의 길이에 변화가 있는지 없는지를 말할 수 있으려면 겹쳤을 때의 실의 길이, 즉 곡선의 길이를 처음부터 알고 있어야 한다. 이런 것들을 생각하면, 실을 이용해서 곡선의 길이를 측정하자는 것은 이런 이론적 결함 때문에 적절한 방법이 못 된다.

이런 이유에서 수학자는 곡선의 길이를 원래부터 우리가 알고 있는 것으로 생각하지 않고 새롭게 정의해야 한다. 〈그림 30〉처럼 우선 주어진 곡선 AB 위에 차례로 $A_1, A_2, \cdots, A_6, A_7$ 하는 식으로 몇 개의 점을 잡고 A와 A_1, A_1과 A_2, $\cdots$, A_6과 A_7, A_7과 B 식으로 짝을 지워 이것을 꺾인 선분으로 이어 A, $A_1, A_2, \cdots, A_6, A_7$, B를 〈꼭지점〉으로 가진 〈꺾인 선〉을 만든다. 이렇게 곡선 위에 꼭지점이 있는 꺾인 선을 가능한 한 모든 방법으로 만들었다 치고, 이제 모든 꺾인 선의 길이(꺾인 선을 이루는 각 선분의 길이 전체의 합)보다도 큰 수가 존재하는 경우를 생각해 보자. 이런 실수 전체의 집합을 $\mathfrak{A}_2$라 하고, 나머지 실수 전부로 이루어진 집합을 $\mathfrak{A}_1$으로 나타내면, $\mathfrak{A}_2$의 최소값이나 $\mathfrak{A}_1$의 최대값 중 어느 하나는 반드시 존재하기 때문에 실수 하나를 결정할 수 있다. 그리고 이 실수를 바로 곡선의 길이라고 정의할 수 있다.

또 이 정의에 따르면, 곡선 중에는 길이가 없는 것도 있을

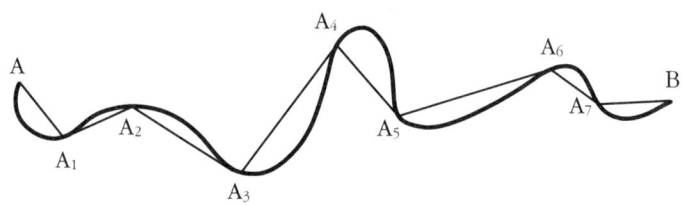

그림 30 곡선의 길이 측정

수 있다. 즉, 앞서 말한 것과 같은 모든 꺾인 선의 길이를 계산해 보면 이 모든 것보다 큰 실수가 존재하지 않는 경우도 생각할 수 있는 것이다. 그런 곡선이 실제로 존재하는데, 그 예는 다른 기회에 들도록 하겠다. 하지만 여기서는 내친 김에 곡면의 표면적에 대해서 간단하게 언급하고자 한다.

우리는 곡선의 길이를 가장 간단한 선인 선분을 써서 정의했다. 마찬가지로 곡면의 표면적을 결정할 때 가장 간단한 면인 삼각형을 쓰려는 것은 아주 자연스러운 일이다. 즉, 주어진 곡면 위에 꼭지점이 있는 삼각형을 몇 개 만들고 이것을 이어서 하나의 〈내접다면체〉로 만든다. 이런 내접다면체를 가능한 한 다양한 방법으로 만들고 그 표면적을 계산했을 때, 계산값보다도 큰 실수가 존재하면, 앞서 곡선의 길이의 경우와 똑같은 방법으로 곡면의 표면적을 정의할 수 있다. 또 만일 이런 실수가 하나도 없을 때는 곡면은 표면적을 가지지 않는다고 할 수 있다.

이상에서 곡선과 곡면을 정의한 방법은 언뜻 보기에 매우 자연스럽고, 또 타당한 것으로도 보이지만 실제로, 이런 정의를 채택하면 약간 곤란한 일이 생긴다. 그 까닭은 이 정의에 따를 경우 우리가 일상적으로 보는 원기둥이 표면적을 갖지 않게 되기 때문이다. 잘 알고 있듯이 원기둥의 한쪽을 모선을 따라서 자른 다음 펼치면, 밑면의 둘레와 높이를 두 변으로 하

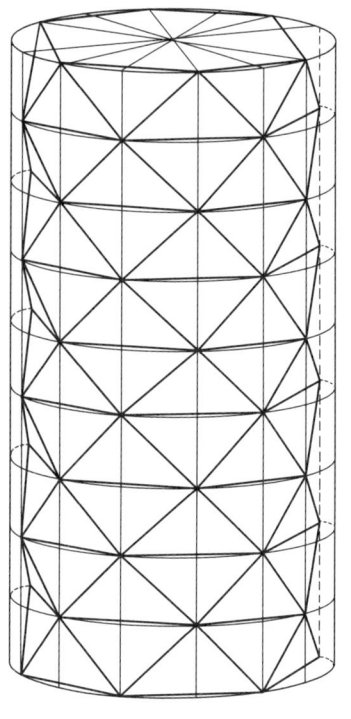

그림 31 표면적을 구할 수 없는 도형

는 직사각형이 만들어진다. 따라서 그 표면적은 밑면의 둘레와 높이를 곱한 것과 같다는 것을 상식 수준에서 이해할 수 있다. 그런데 위의 정의는 이 상식과 맞지 않는다.

〈그림 31〉처럼 원기둥 밑면의 둘레를 짝수 개로 등분하고, 이 등분점을 지나서 모선을 그린다. 그리고 원기둥을 위에서 아래로 높이가 같은 일고여덟 개의 작은 원기둥으로 나누고, 각각의 작은 원기둥 밑면의 둘레가 모선과 만나는 점에 표시한다. 이렇게 하고 나서, 가장 위의 밑면에서 먼저 이런 점을 하나 건너씩 잡아놓고, 그 바로 아래 밑면에는 위 밑면에서 남겨놓은 점의 아래 점을 잡아서 이 점들을 꼭지점으로 삼아 삼각형을 만든다. 이런 방법을 그 아래에 있는 작은 원기둥에 차례차례 적용해 가면 하나의 〈내접다면체〉가 생긴다(그림 32). 문제는 이 다면체의 표면적인

데, 원기둥을 작은 원기둥으로 분할하는 수를 밑면의 둘레를 등분한 수의 세제곱과 같게 하면, 밑면의 둘레를 차츰 잘게 등분해 감에 따라서 다면체의 표면적은 얼마든지 커진다. 즉, 원기둥은 표면적을 갖지 않게 된다.

이렇듯 우리가 내린 표면적의 정의는 이미 원기둥처럼 간단한 곡면의 경우에서 실패의 쓴잔을 맛보게 된다. 그렇다면 곡면의 표면적에 대한 정의가 당연히 문제가 되는데, 여기까지 오고 보면, 문제는 매우 복잡해서 도저히 이런 작은 책으로는 논할 수 없어 유감일 따름이다.

그림 32 내접다면체

37

이제 그만 곁길에서 나와서 원래 가던 길인 원의 넓이 문제로 돌아가자.

35절에서 설명한 것처럼 원의 넓이를 나타내는 실수는 언제나 존재한다. 이야기를 간단하게 하기 위해서, 원의 반지름이 1인 경우 이 원의 넓이를 나타내는 실수는 보통 그리스 문자 π로 나타낸다. 이때 이 원과 넓이가 같은 정사각형은 그 변의 길이를 제곱한 것이 π가 되는 정사각형일 것이다. 따라서 이런 정사각형이 있느냐 없느냐는 문제는 결국 방정식

$$x^2 = \pi$$

를 만족하는 양의 실수 x가 존재하느냐의 문제가 된다.

그럼 이런 x의 존재를 증명해 보자. 우선, 1의 제곱은 분명 π보다 작다(한 변의 길이가 1인 정사각형을 만들어 보면 이 정사각형은 원 안에 쏙 들어간다). 또 2의 제곱은 π보다 크다.

따라서 부등식

$$y^2 > \pi$$

를 만족하는 실수 y를 전부 모아서 집합 $\mathfrak{A}_2$로 삼고, 그 밖의 실수 전부를 집합 $\mathfrak{A}_1$으로 한다. 34절에서와 같은 이치로 $\mathfrak{A}_2$의 집합이 최소값을 갖지 않는다는 것은 바로 알 수 있다. 따라서 이 경우 $\mathfrak{A}_1$이 최대값을 가져야 한다. 그런데 만일 이 최대값의 제곱이 π보다 작으면 이 값보다 조금 크지만 그 제곱이 π보다 작은 실수가 있어야 된다. 그렇다면 이 $\mathfrak{A}_1$의 최대값

의 제곱은 π와 같아야 된다. 즉, 주어진 원과 넓이가 같은 정사각형이 반드시 존재한다(29절을 보라).

38

이것만으로는 원의 넓이 문제가 해결되지 않는다. 이젠 원과 넓이가 같은 정사각형을 자와 컴퍼스만으로 작도할 수 있느냐 없느냐 하는 문제를 해결해야만 한다.

이 문제를 생각하려면, 먼저 자와 컴퍼스만으로 작도할 수 있는 도형의 범위를 조사해 볼 필요가 있다. 그런데 도형을 그린다는 것은 이 도형을 결정할 수 있게 해주는 점의 위치를 구하는 것이며, 또 이런 점의 위치를 결정할 수 있느냐 없느냐는 것은 결국 그 위치를 나타내는 선분의 길이를 구할 수 있느냐 없느냐의 문제로 돌아간다. 따라서 모든 것은 선분이 하나 주어졌을 때 여기서 출발해 자와 컴퍼스만으로 어떤 선분을 작도할 수 있느냐에 달려 있다.

우선 주어진 선분의 정수배 또는 분수배만큼의 길이를 갖는 선분을 작도할 수 있다는 것은 명백하다. 그리고 이렇게 정수배로 작도한 선분의 길이의 제곱근에 해당하는 길이의 선분도 작도할 수 있다. 이상은 어떤 기하학 입문서에나 나와 있는 사항이다.

그런데 한편으로 생각하면 자와 컴퍼스만으로 작도 도구를 제한한다는 말은 직선과 직선의 교점, 원과 직선의 교점, 또 원과 원의 교점을 구하는 것만을 허락한다는 말이다. 따라서 주어진 길이를 1로 해놓으면, 결국은 자와 컴퍼스로 작도할 수 있는 길이는 유리수가 계수인 (대수)방정식의 근이고, 그 근은 방정식의 계수에다가 덧셈, 뺄셈, 곱셈, 나눗셈 및 제곱근 구하기 같은 연산을 통해 산출될 수 있는 것으로 제한된다.

작도 문제를 이렇게 생각하고 나면, 원의 넓이 문제는 주어진 원의 반지름을 1로 했을 때 π가 지금 말한 대수방정식의 근이냐 아니냐의 문제가 될 수밖에 없다.

원의 넓이 문제가 이런 방정식의 모양으로 바뀌고 나면, 바로 방정식에 관한 이야기를 해야 하지만, 여기서는 이것을 생략하고 우리가 다루는 문제와 직접 관계 있는 사항만을 말해두기로 한다. 최종 결론을 여기서 미리 말한다면, 원주율 π는 유리수를 계수로 가진 임의의 방정식

$$ax^n + bx^{n-1} + \cdots + kx^2 + lx + m = 0$$

($a, b, k, \cdots, l, m$은 유리수)

의 근이 아니다.

이런 사실이 증명된 것은 19세기도 끝나 가던 무렵인 1882년

의 일이다. 이 증명으로 2천여 년 동안 여러 사람을 괴롭혀 온 이 문제는 깨끗하게 해결이 되었다. 즉 주어진 원과 넓이가 같은 정사각형은 자와 컴퍼스만으로는 작도가 불가능하다는 것이 밝혀졌다. 이 문제를 해결한 사람은 뮌헨 대학교의 린데만이라는 수학자였다.

수학자들은 유리수를 계수로 갖는 방정식의 근이 될 수 있는 수를 일반적으로 〈대수적 수〉라고 부른다. 그리고 대수적 수가 아닌 수를 〈초월수〉라는 이름으로 부른다. 이 말을 쓰면 린데만의 결론을 바로 〈π는 초월수이다〉라는 말로 바꿀 수 있을 것이다.

임의의 유리수 $\frac{p}{q}$는

$$qx - p = 0$$

이라는 일차방정식의 근이므로 대수적 수이다. 또 $\sqrt{2}$는 무리수이지만 이것은

$$x^2 - 2 = 0$$

이라는 방정식의 근이므로 이것 또한 대수적 수이다. 실제로 우리에게 그 성질이 잘 알려진 초월수는 π 이외에 손으로 꼽을 정도이다. 우리가 일상 생활 속에서 사용하는 수의 대부분은 대수적 수, 그것도 대개는 유리수이다. 단, 그렇다고 해서

초월수가 몇 개 되지 않는다고 생각하면 오산이다. 집합론에 따르면, 대수적 수와 마찬가지로 초월수도 무한정 존재한다. 그리고 둘 다 무한하다고 해도 후자의 무한한 정도가 훨씬 크다고 말해야 할 것이다.

그리스인은 다루기 힘든 괴상한 수가 이다지도 많으리라고는 꿈에도 몰랐을 것이다.

39

피타고라스에서 시작해서 〈직선을 끊는다〉는 이야기를 꽤 길게 했다. 어쨌거나 나는, 수학의 역사가 어떤 측면에서 보면 연속의 문제에 대한 도전의 역사였음을 말하고 싶었다.

하기는 데데킨트가 제시한 연속의 정의가 연속에 대한 완벽한 정의라고 생각하는 것은 속단일 것이다. 제논이 제기한 역설은 아직도 수수께끼이며, 데데킨트의 수학적 연속의 개념으로 이것을 해명할 수 있을 것 같지는 않다. 잘 생각해 보면 이런 문제를 구명하는 것은 어쩌면 철학의 영역이고, 수학 본래의 영역 밖의 것일지도 모른다는 생각이 들기도 한다.

옮긴이의 글

　사아승지(四阿僧祇) 십만 억 겁(劫) 전에 불사성(不死城)이라는 도읍에 선혜(善慧)라는 바라문이 살았다.

　이것은 불경의 한 구절입니다. 〈사아승지 십만 억 겁〉은 주문이 아니라, 어마어마하게 큰 수를 이르는 인도인의 말입니다. 우리는 백만 년 전 하면 까마득한 과거라서 연상되는 것이 없습니다. 〈겁〉이란 천지가 개벽한 다음 새로운 천지가 개벽할 때까지의 무한히 긴 시간을 의미한답니다. 그런데 거기다가 그런 기간이 〈사아승지〉하고도 〈십만 억〉번 되풀이되었답니다. 억이 십만씩이나 있는 것도 입이 딱 벌어질 정도로 엄청난 수이지만, 그 앞에 있는 〈아승지〉는 대체 얼마나 큰 수를 말하는 단위인지 짐작조차 할 수 없습니다. 우리는 그저 옛날 옛날 한 옛날을 말하는 것이겠지 하고 말게 됩니다.

그런데 셋 이상은 모두 〈많다〉라고 말할 수밖에 없었던 미개인이 있었다는 것을 생각하면, 사아승지 십만 억 겁이라는 어마어마한 수에 질려서 〈옛날 옛날 한 옛날〉이구나 하고 마는 우리 역시, 인도인이 볼 때 미개인과 마찬가지가 아니겠습니까?

0은 1에서 9까지의 숫자와 더불어, 위에서 말한 엄청나게 큰 수를 간단하게 기록할 수 있게 해주기도 하고 셈도 할 수 있게 해줍니다. 그렇기 때문에 옛날부터 엄청나게 큰 수를 사용해 온 인도인들은 0이라는 숫자와 자리잡기 기수법을 만들 수밖에 없었을 것입니다. 그리고 0은 눈에 보이지 않을 정도로 아주 작은, 요새 흔히 말하는 나노의 나노만큼 작은 것, 또는 그보다 얼마든지 작은 것의 크기를 계산할 수 있게 해주고 있습니다. 우리도 인도인으로부터 0과 십진 기수법을 배우고 나서야 미개인 수준에서 벗어날 수 있었습니다.

0이 주는 은혜를 그다지 고맙게 여기지 않는 우리로서야 무한 같은 황당한 문제나 십진법처럼, 어찌 보면 당연한 문제를 가지고 머리를 이리저리 굴리고 있는 수학자들의 모습을, 배부른 한량 같은 사치스런 모습이라 여길 수도 있습니다. 하지만 한량처럼 보이는 그 수학자들이 인류 역사에 많은 공헌을 해왔습니다.

이 책은 60여 년 동안 수학 세계로 안내하는 재미있는 길잡이로서 일본인들의 끊임없는 사랑을 받아왔습니다. 여러분은 이 책을 통해 0이라는 숫자가 수학에 얼마나 많은 기여를 했는지, 인도인이 발견할 수 있었던 0을, 어째서 고대 그리스 수학자들은 발견할 수 없었는지 같은 문제들을 생각해 보게 되실 것입니다. 이 책은 수학과 관계된 책이라고는 하지만 공식을 외우고 정리와 증명을 이해하기 위해 고생해야 하는 책은 아닙니다. 이 책을 찬찬히 읽다 보면 딱딱하기만 한 수학의 세계가 흥미로운 이야깃거리로 가득하다는 것을 발견하게 될 것입니다. 여러분은 이 책을 다 읽고 책장을 덮었을 때, 가까이하기 어렵다는 수학 책 하나를 독파했고, 수학과 친해졌다는 만족감을 가슴 깊이 느끼실 수 있을 것입니다.

　기초 과학의 진흥을 바라는 여론이 크게 일고 있습니다. 여러분이 이 책을 통해 우리나라의 수학과 기초 과학의 발전을 응원하는 사람이 된다면 그 얼마나 복된 일이겠습니까. 비록 번역서를 내지만 저자의 의도를 따르지 못한 부분이 여러 곳 있을 것 같아 마음을 졸이고 있습니다. 독자 여러분들의 넓은 아량을 바랍니다.

2002년 여름
정구영

찾아보기

ㄱ

갈릴레오 90
개량 주판 49-51
계산 숫자 34, 93
고바르 숫자 26, 43, 50
교환법칙 122
구텐베르크 65
그노몬 120
그리스 기수법 42
그리스 숫자 29-31
기록 숫자 34, 92-93
『기하학 원론』 24, 122, 125, 147, 162

ㄴ

나폴레옹 19
네이피어 86, 90
뉴턴 90, 163

ㄷ

담징 68
대수방정식 178
대수적 수 179
대수학 23, 163
데데킨트 166-170, 180
데카르트 150, 163
돌놓기 주판 46-49
디리크레 121

ㄹ

라이프니츠 163
로그 87-91
로그 계산자 88-89, 92
로그표 87, 91
로마 숫자 31, 44
로마 주판 45-49, 52-53
루이 15세 46

린데만 179
린드 파피루스 97-98

ㅁ

마야 문명 34
마호메트 25
메이지 시대 66
몰리에르 46
무리수 82, 133, 169
무한급수의 합 75-80
무한등비급수 75
무한소수 72-77, 80-82, 84
미적분학 163

ㅂ

부처 Butcher, S. H. 101, 104
뷔르기 87, 90
브라마굽타 35-36, 38
브라헤, 티코 90
브리슨 155-156, 170
비례론 161-162

ㅅ

삼각법 23
삼각수 118-119
샤를마뉴 대제 23
성지 순례 41, 61
소수 표기법 70-71, 86
소크라테스 147
솔론 29

순환무한소수 82-84
스이코 천황 68
실수 82, 169

ㅇ

아낙사고라스 117
아낙시만드로스 117
아라비아 숫자 26
아르곤 134
아르키메데스 157, 171
아리스토텔레스 112
안티폰 147, 154-155, 157
알 라시드, 하룬 23-24
에우독소스 148, 161-162
에우메네스 2세 67
연속 164-170, 180
와산[和算] 106
요시다 미쓰요시 98
원주율 73-74, 81-82, 84, 98, 149, 152, 157
유리수 82, 169
유리점 165
유클리드 24, 110, 122, 125, 144, 147, 162
육십진법 34
이진법 56-60
이집트 기수법 29, 32
인도 기수법 27-28, 32-34, 42, 44, 61, 64, 66, 70
인도 명수법 39-40

ㅈ

자리잡기 기수법 27, 31, 35-36,
  40, 70, 86, 93
작도 불능 문제 148-153
『정수론 강의』 121
제곱수(사각수) 119-120
제논 136-146
제논의 역설 136-146
제르베르(실베스터 2세) 50
제지술 68
『주판서』 62, 70
『진겁기(塵劫記)』 98

ㅊ

채륜 68
초월수 179

ㅋ

컴퓨터 54-56, 59
케플러 90
코페르니쿠스 90
쿼드라트릭스 150

ㅌ

탈레스 99, 105, 107, 111

ㅍ

파르메니데스 146
페니키아 문자 101
페리클레스 29, 146
퐁슬레 19-20
푸앵카레 110
프랑스, 아나톨 42
프로타고라스 147
프삼티크 1세 99
플라톤 105, 148
플루타르크 149
피보나치, 레오나르도 62-63, 70
피타고라스 97, 105-106, 109,
  114-136, 180
피타고라스의 정리 124-131
피타고라스 학파 106, 115-136
필산 33, 66, 69-70, 92

ㅎ

해석기하학 163
헤로도토스 115
형상수 118-122
화제(和帝) 68
히파소스 134
히피아스 147, 150

옮긴이 정구영

1927년 천안에서 출생했다.
단국 대학교 정치외교학과를 졸업하고 중학교 교사로 재직하던 중,
수학교사 자격을 얻어서 고등학교 수학교사가 되었다.
1992년 정년으로 교직을 떠났고,
현재는 경기도 용인에서 살고 있다.
번역서로는 「생각하는 수학」이 있다.

0의 발견

1판 1쇄 펴냄 2002년 6월 30일
1판 25쇄 펴냄 2025년 4월 30일

지은이 요시다 요이치
옮긴이 정구영
펴낸이 박상준
펴낸곳 (주)사이언스북스

출판등록 1997. 3. 24 (제16-1444호)
(06027) 서울특별시 강남구 도산대로1길 62
대표전화 515-2000 팩시밀리 515-2007
편집부 517-4263 팩시밀리 514-2329
www.sciencebooks.co.kr

한국어판 ⓒ (주)사이언스북스, 2002. Printed in Seoul, Korea.
ISBN 978-89-8371-101-4 03410